Java可视化案例教程

陈志勇 著

东北大学出版社
·沈 阳·

图书在版编目（CIP）数据

Java可视化案例教程 / 陈志勇著. — 沈阳 ：东北大学出版社，2022.1（2022.12重印）

ISBN 978-7-5517-2938-3

Ⅰ. ①J… Ⅱ. ①陈… Ⅲ. ①JAVA语言—程序设计—高等学校—教材 Ⅳ. ①TP312.8

中国版本图书馆CIP数据核字（2022）第019557号

出 版 者：东北大学出版社
地址：沈阳市和平区文化路三号巷11号
邮编：110819
电话：024-83680176（总编室） 83687331（营销部）
传真：024-83680176（总编室） 83680180（营销部）
网址：http://www.neupress.com
E-mail: neuph@neupress.com
印 刷 者：沈阳市第二市政建设工程公司印刷厂
发 行 者：东北大学出版社
幅面尺寸：185 mm×260 mm
印 张：15.5
字 数：333千字
出版时间：2022年1月第1版
印刷时间：2022年12月第2次印刷
策划编辑：汪子珺
责任编辑：刘 泉
责任校对：汪子珺
封面设计：潘正一

ISBN 978-7-5517-2938-3 定 价：48.00元

前 言

PREFACE

本书是一本介绍Java可视化程序设计的入门书籍，采用案例驱动式教学，介绍一个使用Java可视化技术完成的信息管理系统。通过案例的学习不仅能使读者学习到Java图形界面的基本知识和原理，也能学习到怎样将Java可视化技术开发与实际的需求相结合，使读者了解到所学知识的应用场景。在案例的选取上，为了减少读者在理解需求上所花费的时间，选择了读者比较熟悉的“成绩管理系统”作为综合案例，从而将注意力主要放在利用Java可视化对系统的实现上。

在使用本教程时，建议从头开始循序渐进地学习，并且认真地完成书中的案例。如果是有一定基础的编程人员，则可以选择感兴趣的章节跳跃式地学习。为了保证项目案例完成的完整性，书中的案例最好动手实践一下。如果在学习过程中遇到障碍，可以先回到前面的相关章节重新学习，然后依照关联性继续学习后续章节，依照这种方式学习能够让本教程发挥最大的作用。

本书分为6个章节，适合高等院校的学生作为教材使用。全书讲授课时可安排在54~72课时。第1章介绍了相关软件的安装与配置操作，让读者学会软件的安装配置，为后续的学习打好基础；第2章对教材的案例“成绩管理系统”进行了总体介绍，使读者对系统有了整体的掌握；第3章到第6章分模块介绍了系统的实现过程，每个模块由多个界面构成。

为了配合本书的学习，已配套完成了全书教学视频的制作，上传到学堂在线平台，请读者扫码在线学习。

由于著者水平有限，时间仓促，书中疏忽与纰漏之处在所难免，恳请广大读者批评指正。

（配套视频网址）

著　者

2021年10月

目　录

CONTENTS

第1章　Java可视化概述

1.1　Java可视化简介

图形用户界面（graphical user interface，GUI）借助菜单、按钮等标准界面元素和鼠标进行操作，帮助用户方便地向计算机系统发出指令、启动操作，并将系统运行的结果以图形方式显示给用户。

自JDK1.2起，Java语言提供了一个创建图形用户界面的基础类库（Java foundation classes，JFC），使用JFC可以方便地开发出具有图形用户界面的Java程序。

1.1.1　JFC技术

JFC是关于GUI组件和服务的完整集合，主要包含如下几个方面的内容。

（1）AWT

抽象窗口工具包（abstract window toolkit，AWT）是Java提供的用来构建Java图形用户界面的基本工具。AWT的图形函数与操作系统所提供的图形函数之间存在着一一对应关系。当使用AWT来构建图形用户界面时，它实际上是在利用本地操作系统所提供的函数库。由于不同操作系统的图形库所提供的功能是不一样的，一个平台上支持的功能在另一个平台上有可能不存在。为了实现Java语言所宣称的“一次编译，到处运行”的概念，AWT所提供的图形功能是各种常见操作系统所提供的图形功能的交集。因此，AWT所提供的组件种类是有限的。AWT组件位于java.awt包中，主要包括用户界面组件、事件处理模型、图形和图像工具、布局管理器等。由于AWT是依靠本地方法来实现其功能的，所以通常称它的组件为重量级组件。AWT的设计目的是支持开发Java应用小程序（Applet）中的简单用户界面，而不是为开发人员提供一个功能强大的图形用户界面工具包。

（2）Swing

由于AWT的功能有限，其图形组件的绘制也不完全是平台独立等原因，Sun公司联合多家公司推出了与AWT完全兼容的图形用户界面框架Swing。Swing是在AWT的基础上构建的一套新的图形界面开发工具。尽管有些Swing组件是替代具有相同功能的AWT的重量级组件，但增加了一些新的特征。例如，Swing的按钮和标签可显示图标和文本，而AWT的按钮和标签只能显示文本。另一方面，Swing使用了大量的AWT的底层组件，如对图形、字体和布局管理器的支持等。可以说，Swing API是围绕着实现AWT各个部分的API构筑的，这就保证了所有AWT组件在Swing框架中仍然可以使用。Swing提供了AWT所能提供的所有功能，并用纯Java代码对AWT的功能进行了扩展，同时提供了很多高层次的、复杂的组件，如JTable、JList、JTree等，以提高GUI的开发效率。由于Swing不依赖于任何本地代码，所以采用Swing编写的程序具有100%的可移植性，不需要进行代码的任何改动即可运行于所有的平台。Swing组件也被称为轻量级组件。与AWT组件相比，Swing组件的运行速度比较慢，Swing中的大多数组件名称都是在相应的AWT组件名称前面加一个“J”。

（3）Java 2D API

Java 2D API（Java 2D application programming interface）是Sun公司和Adobe公司合作开发的一组与设备和分辨率无关的Java图形处理API。由于Swing是在Java 2D包上构建的，所以在Swing组件内可以方便地使用Java 2D API。

1.1.2 Swing包

Java系统将Swing包按功能划分为若干个子包，其中Swing包是Swing框架提供的最大包，该包定义了很多组件，这些组件从功能上可分为容器和用户界面组件两大类。

（1）容器

顾名思义，容器就是用来盛放东西的器具。Java中的GUI编程也是同样道理，要想使用Swing组件，就必须有一个能把组件放进去的容器。Java语言中的容器是指一种能够容纳其他组件或容器的组件。一般来说，一个Java应用程序的图形用户界面首先对应于一个复杂的容器，如一个窗口，这个容器内部将包含许多界面成分和元素，这些界面元素本身又可以是一个容器，这个容器将再进一步包含它的界面成分和元素，依此类推就可构造出一个复杂的图形界面系统。

Java中，容器主要具有以下特点：

① 容器有一定的范围。一般容器都是矩形的，容器范围边界可以用边框框出来。

② 容器有一定的位置。这个位置可以是屏幕四角的绝对位置，也可以是与其他容器边框的相对位置。

③ 容器通常都有一个背景。这个背景覆盖全部容器，可以透明，也可以指定一幅特殊的图案。

④ 若容器中包含其他组件，当容器被打开时，它所包含的组件也同时被显示出

来；当容器被关闭和隐藏时，它所包含的组件也同时被隐藏。

⑤ 容器可以按照一定的规则来安排它所包含的组件，如它们的相对位置、前后排列关系等。

常用的容器类有JFrame、JDialog、JPanel等。

（2）用户界面组件

用户界面组件是指可以用图形化的方式显示在图形用户界面上的基本元素，主要包括继承自JComponent类的组件类。对Swing来讲，JComponent是除其顶层容器JFrame、JApplet、JDialog和JWindow外所有Swing组件的基类。作为基类的JComponent封装了组件通用的方法和属性，如组件大小、显示位置、前景色和背景色、边界、可见性等。组件本身有一个默认的坐标系，组件的左上角的坐标值是（0，0）。如果一个组件的宽是20、高是10，那么在该坐标系中，x坐标的最大值是20，y坐标的最大值是10。

在Swing框架中，JComponent类继承自java.awt.Container类，由于Container类是AWT的一个容器类，所以基于JComponent类的所有组件也可以作为容器来使用。

用户界面组件可以划分为如下三类。

① 基本组件：实现人机交互的组件，如JButton、JList等，其功能主要是通过Java所提供的事件处理机制实现人机交互。

② 不可编辑信息的显示信息组件：向用户显示不可编辑信息的组件，如JLabel、JProgressBar等。

③ 可编辑信息的显示信息组件：向用户显示能被编辑的格式化信息的组件，如JColorChooser、JTextArea等。

通常情况下，对放置在容器内的组件，还需要使用Java所提供的布局管理器来设置它们在容器中的排列位置。

（3）基于Swing的GUI编程步骤

利用Swing设计和实现图形用户界面的工作主要有两个：一是应用程序的外观设计，即创建组成图形界面的各种组件，指定其位置和属性关系，根据需要进行排列，从而构成完整的图形用户界面的物理外观；二是与用户的交互处理，包括定义图形用户界面的事件及各组件对不同事件的响应处理。下面简单描述一下用Swing创建图形用户界面的主要步骤：

① 选择合适的顶层容器。顶层容器是容器的一种，它是进行图形编程的基础，所有图形化的东西都要放置在顶层容器中。

② 确定布局管理器。利用布局管理器调整容器中各组件的摆放位置及排列顺序。

③ 创建用户界面组件，并放置到容器中。由于容器本身也是组件，用户可以将一个容器放置在另一个容器内实现容器嵌套。

④ 为响应事件的组件编写事件处理代码。利用事件处理机制让组件具有交互能力。

1.2 开发环境的配置

在本教材中，开发环境所基于的操作系统指定为Windows系统，本项目的开发环境需要以下几部分进行配置。

1.2.1 JDK的安装

首先需要下载Java开发工具包JDK，下载地址为：https://www.oracle.com/java/technologies/javase-downloads.html，如图1.1所示。

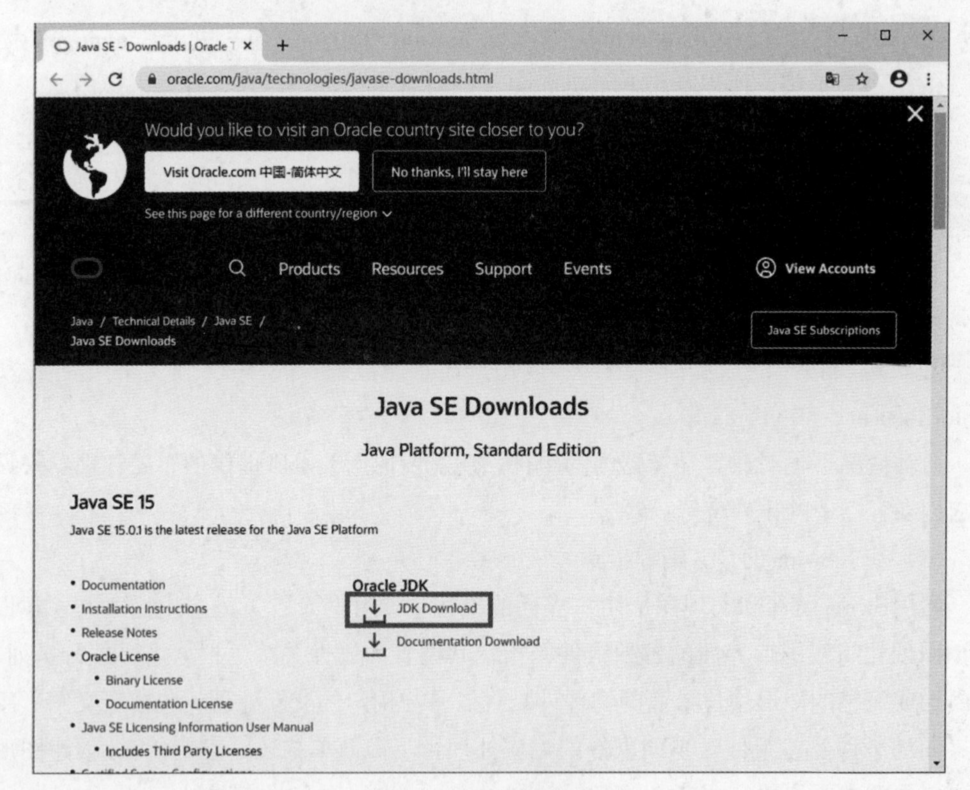

图1.1 JDK下载界面

在接下来的页面中选择要下载的版本号，如图1.2所示。接受许可协议，如图1.3所示，即可下载JDK的安装文件。

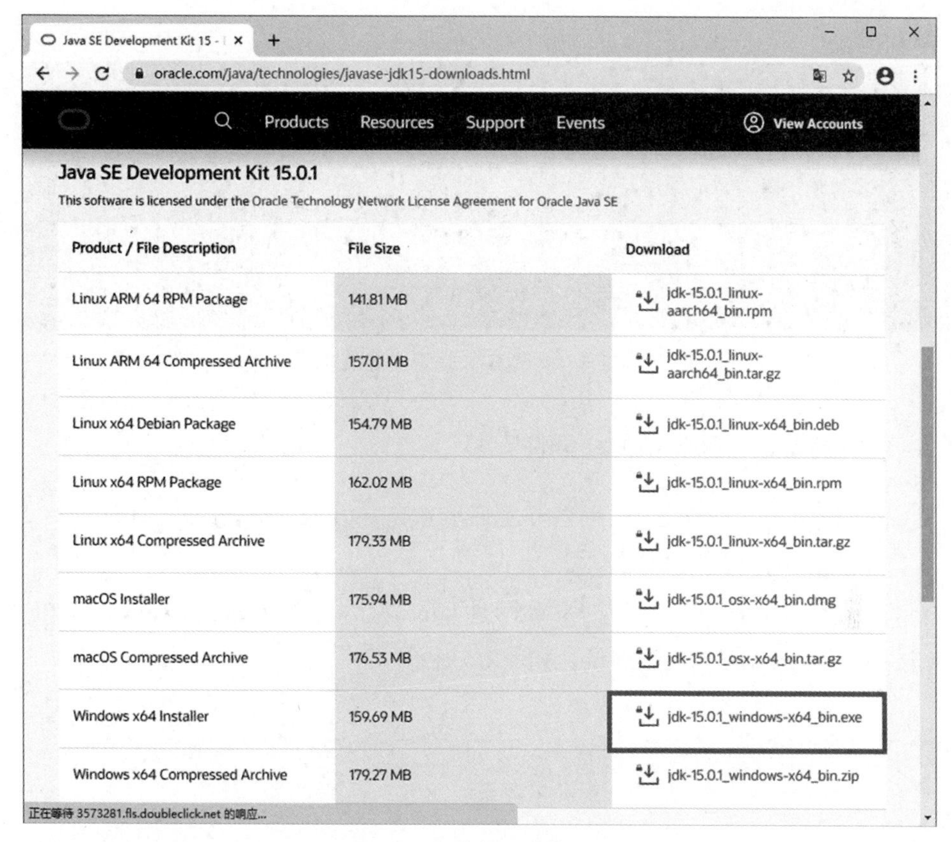

图1.2 下载版本选择界面

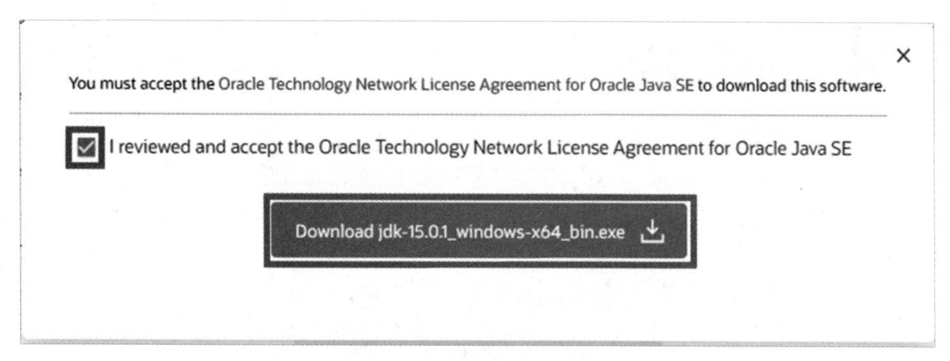

图1.3 接受许可界面

下载完成后找到下载的JDK安装文件并执行，然后根据安装文件的提示，依次点击“下一步”按钮进行安装，直到安装完成。

JDK安装完成以后，测试JDK是否安装成功。

①“开始”→“运行”，键入“cmd”;

②键入命令：“java-version”，出现如图1.4所示信息，说明环境变量配置成功。

```
命令提示符
Microsoft Windows [版本 10.0.18363.1139]
(c) 2019 Microsoft Corporation。保留所有权利。

C:\Users\czy>java -version
java version "15.0.1" 2020-10-20
Java(TM) SE Runtime Environment (build 15.0.1+9-18)
Java HotSpot(TM) 64-Bit Server VM (build 15.0.1+9-18, mixed mode, sharing)

C:\Users\czy>
```

图1.4 测试JDK是否安装成功

1.2.2 Eclipse及WindowBuilder插件安装

这节课我们一起来安装Java前台开发环境Eclipse及WindowBuilder插件。

（1）Eclipse的安装

① 在浏览器中打开Eclipse的下载网址https://www.eclipse.org/downloads/。在页面中点击“Download Packages”链接，如图1.5所示。

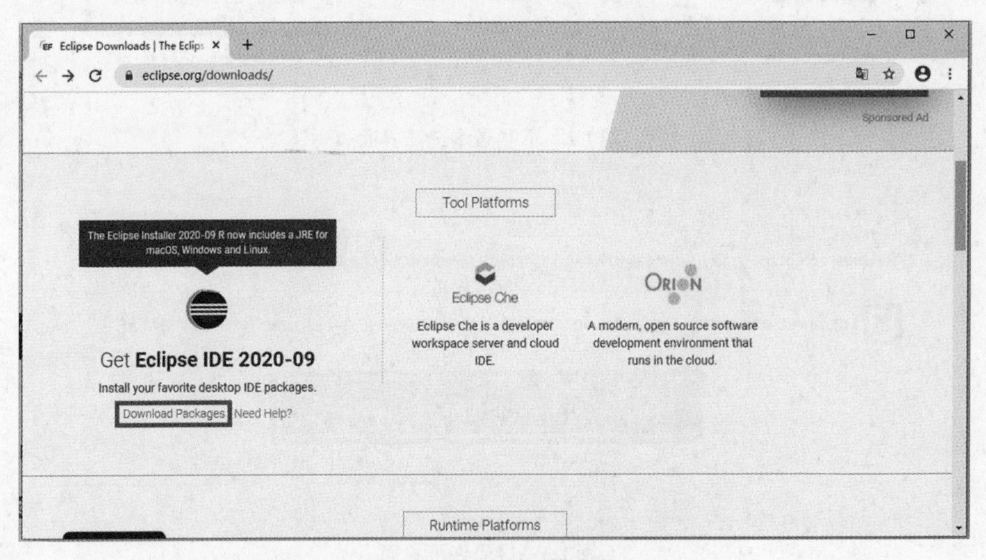

图1.5 Eclipse下载页面

② 在打开的页面中，选择要下载的版本号，如图1.6所示。然后选择距离自己较近的下载镜像地址，如图1.7所示，即可下载Eclipse的压缩文件。

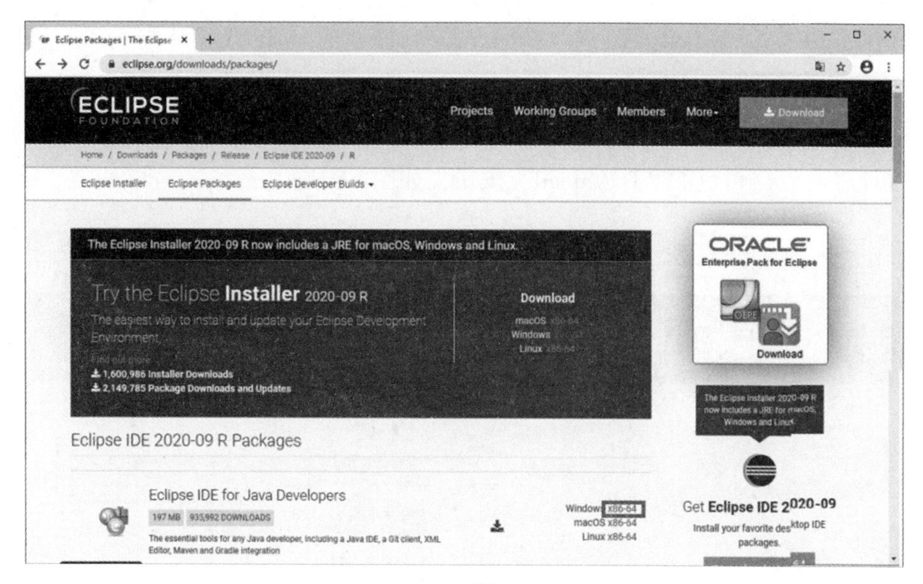

图1.6　Eclipse版本选择页面

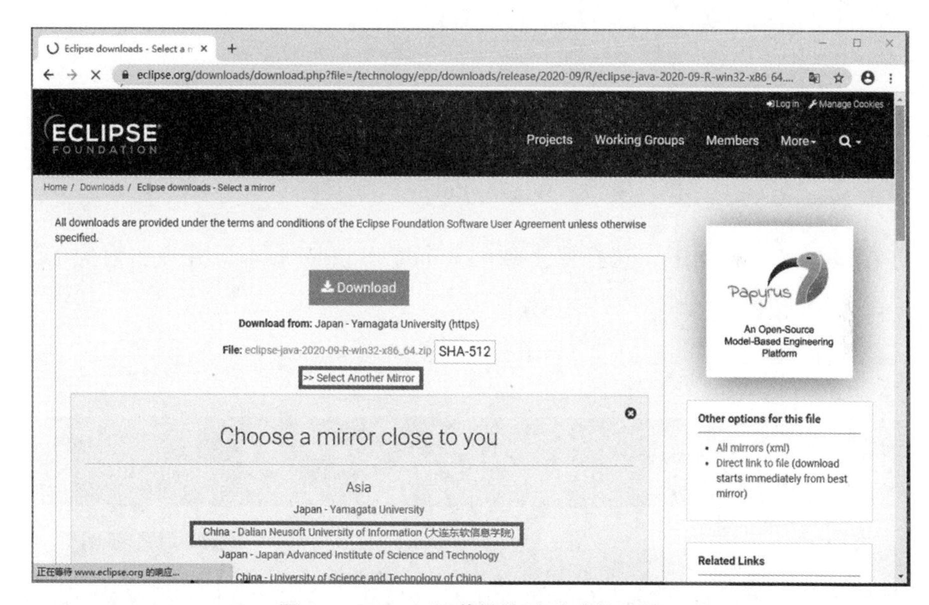

图1.7　Eclipse下载镜像地址选择页面

③下载的文件是一个zip类型的压缩文件，可以直接将压缩文件解压，就可以正常使用Eclipse开发环境了。

（2）WindowBuilder插件安装

下载的这个版本的Eclipse软件，在开发图形界面时，只能完全依靠纯代码的方式来实现对控件的控制，这种方式加大了程序员的负担，在开发过程中显得不够灵活和准确，难以高效地开发出具有良好用户界面的应用程序，所以我们希望寻找Java中可以通过拖拽控件来实现窗体绘制的插件。WindowBuilder就是这样一个插件，它是一款基于Eclipse平台的Java GUI设计插件式的软件，它具备SWT开发、Swing开发和GWT开发三大功能。下面来学习一下WindowBuilder的安装过程。

① 在浏览器中输入WindowBuilder的下载网址https://www.eclipse.org/windowbuilder/，在此界面点击黄色的“Download”按钮，如图1.8所示。

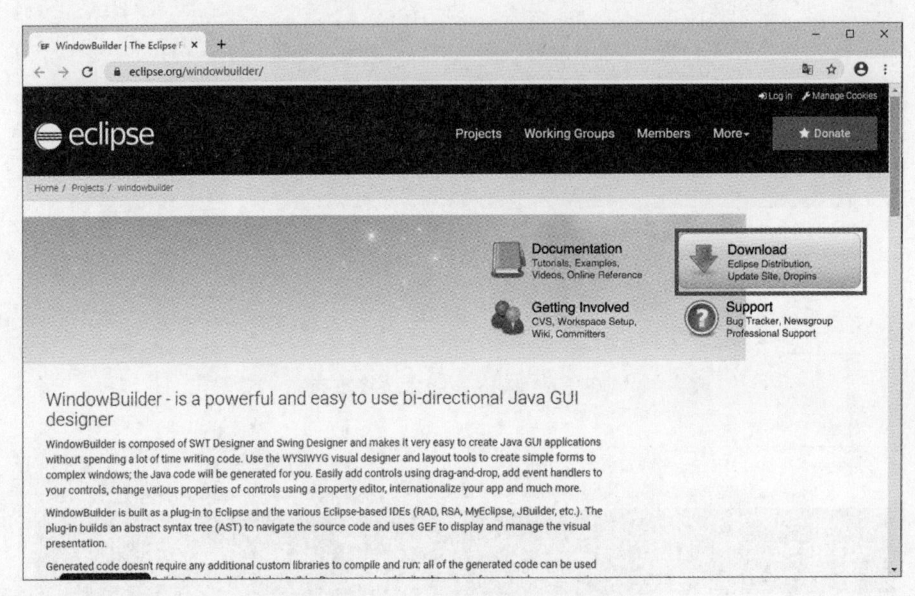

图1.8 WindowBuilder下载页面

② 在接下来的页面中，选择要下载的WindowBuilder版本，并点击对应的“link”链接，如图1.9所示。

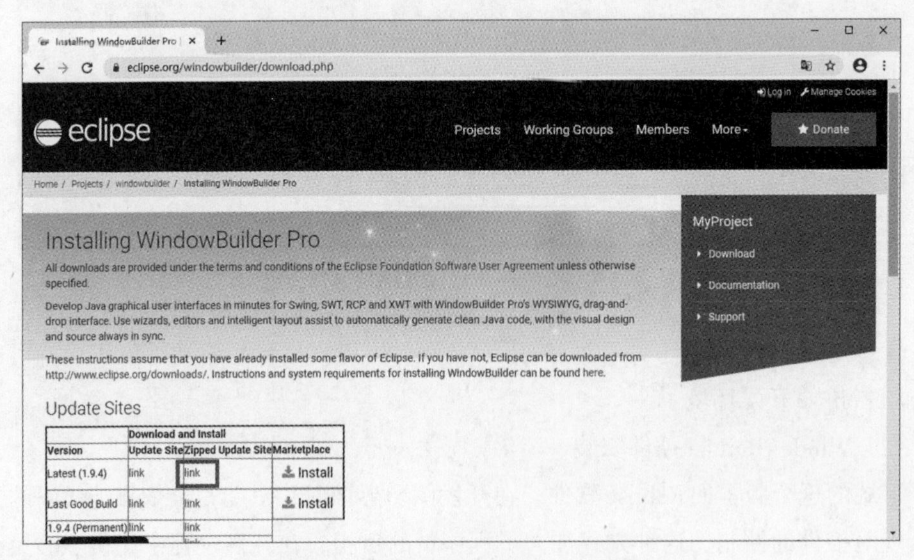

图1.9 WindowBuilder版本选择界面

③ 下载镜像页面中，选择离我们比较近的镜像网址，稍等片刻，系统会自动开始

下载，最后下载得到的是一个zip压缩包文件，如图1.10所示。

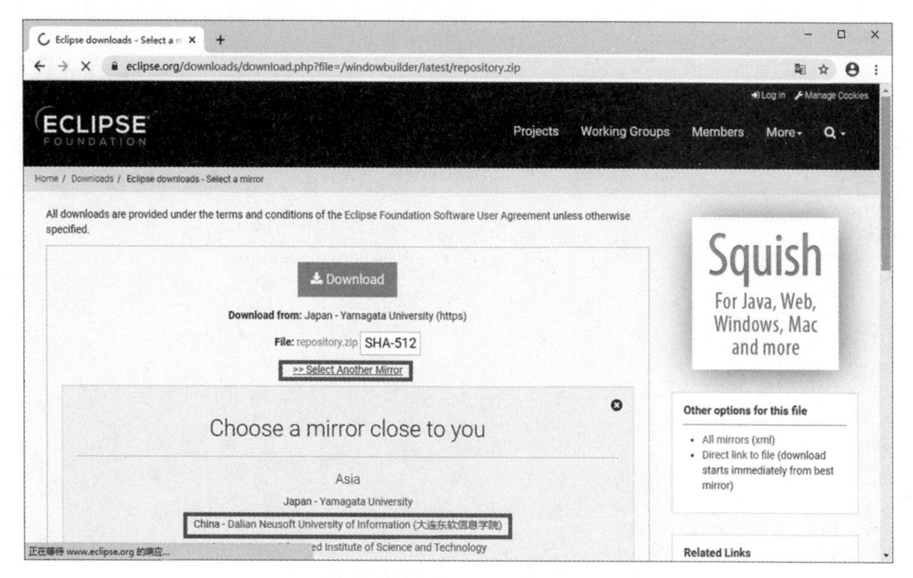

图1.10　WindowBuilder下载镜像地址选择页面

文件下载完成后，需要在Eclipse中，安装WindowBuilder插件。过程如下。

① 打开Eclipse软件，在Eclipse主界面中选择Help菜单中的Install New Software...菜单项，如图1.11所示。

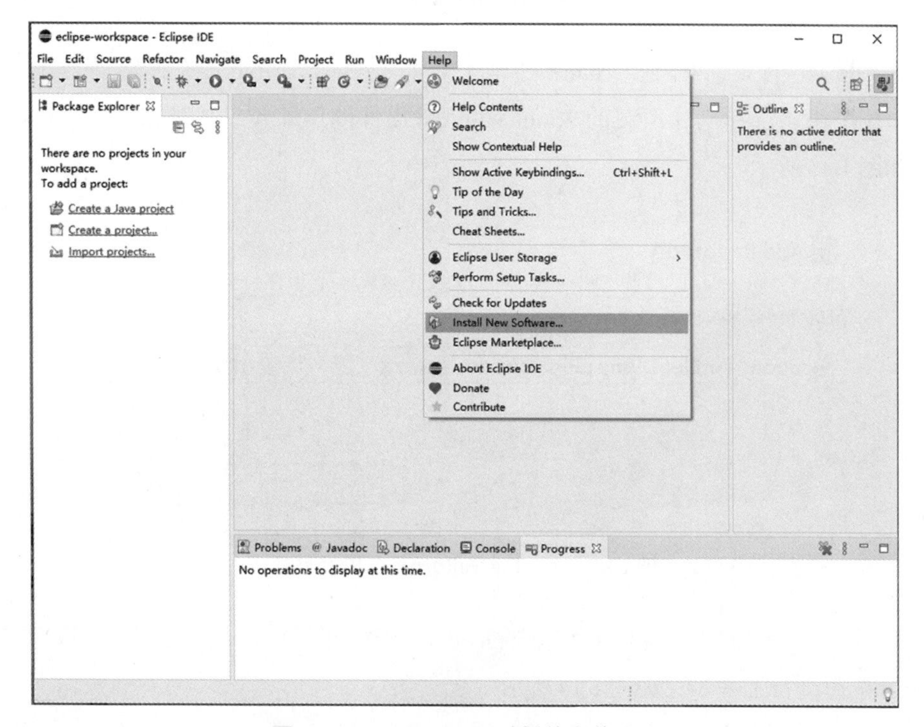

图1.11　WindowBuilder插件安装（1）

② 在调出的安装界面中，先点击“Add...”按钮，如图1.12所示。

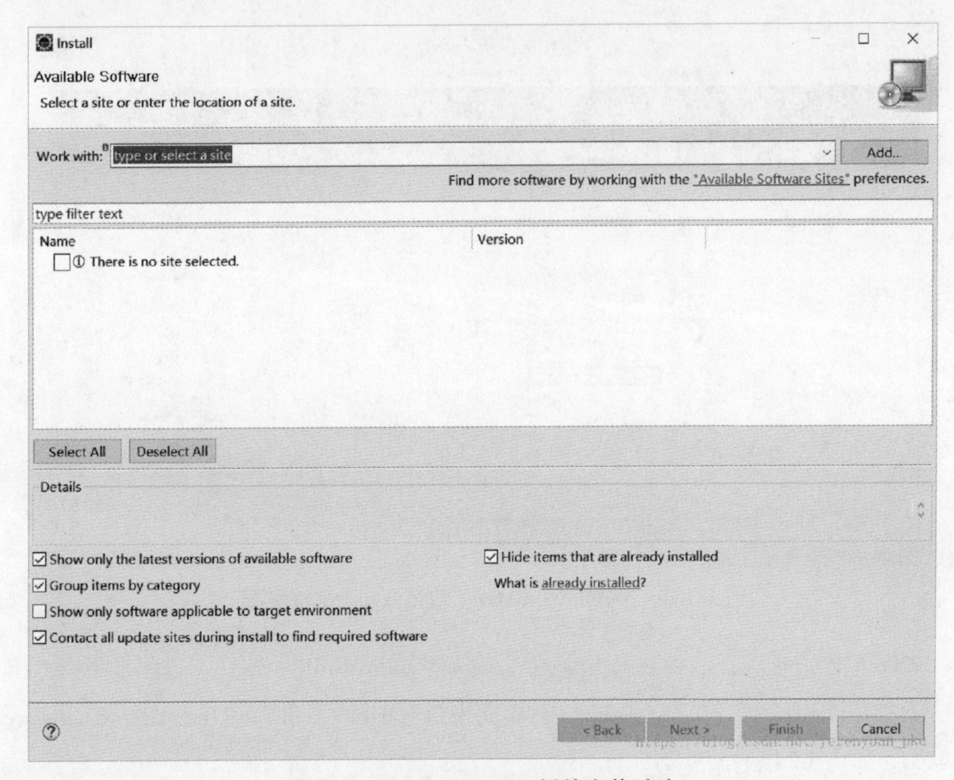

图1.12　WindowBuilder插件安装（2）

③ 在弹出的对话框中，Name文本框里输入“windowbuilder”，然后点击“Archive...”按钮。选择刚才下载的WindowBuilder插件的压缩包，接下来点击“OK”按钮，如图1.13所示。

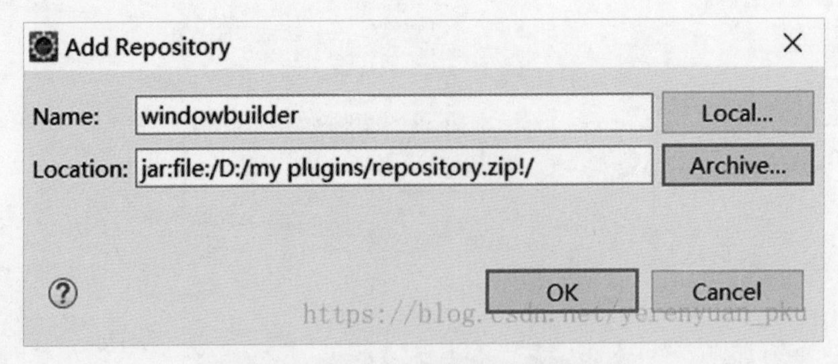

图1.13　WindowBuilder插件安装（3）

④ 在安装界面里，继续点击“Select All”按钮选择所有的组件。然后点击“Next”按钮进行下一步，如图1.14所示。

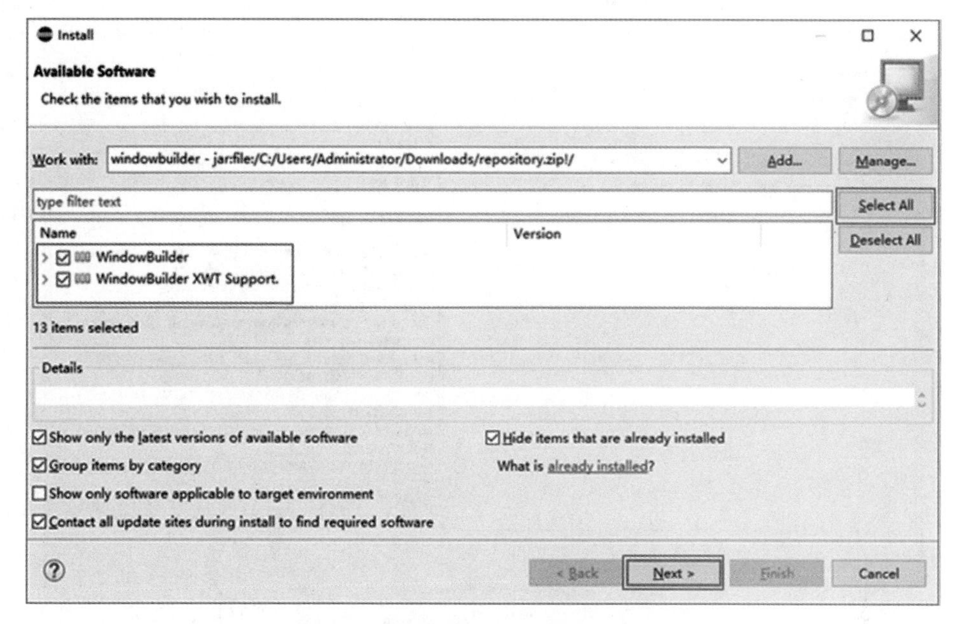

图1.14 WindowBuilder插件安装（4）

⑤ 接下来，安装程序会依次显示安装的组件明细（如图1.15所示），以及许可协议界面（如图1.16所示）。按照提示，依次往下进行即可。安装完成后，Eclipse需要重新启动（如图1.17所示）。重新启动后，就完成了WindowBuilder插件的安装。

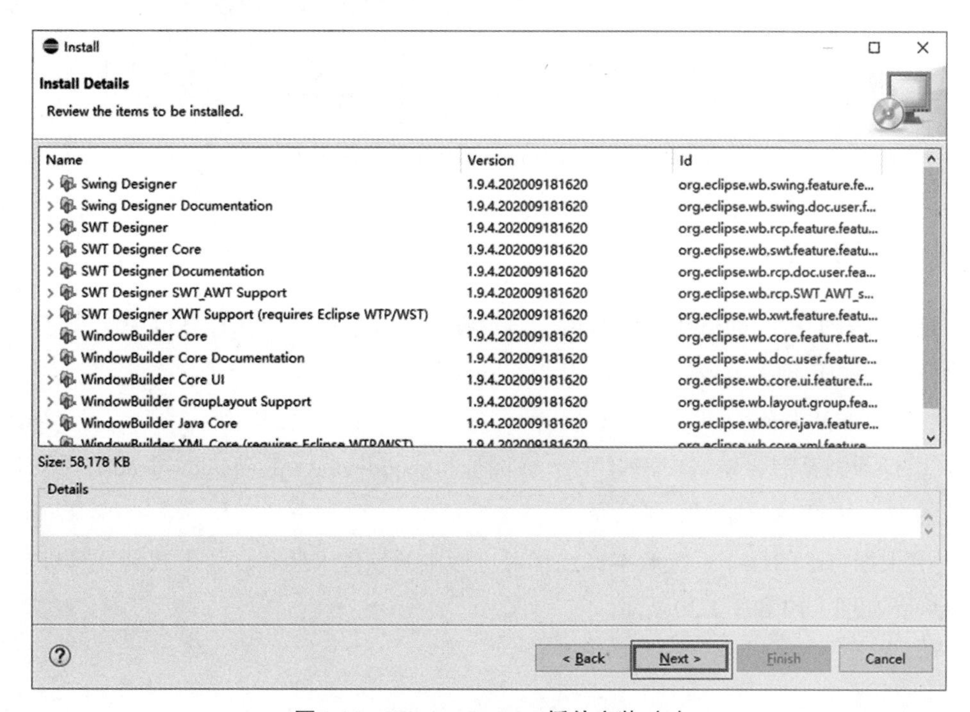

图1.15 WindowBuilder插件安装（5）

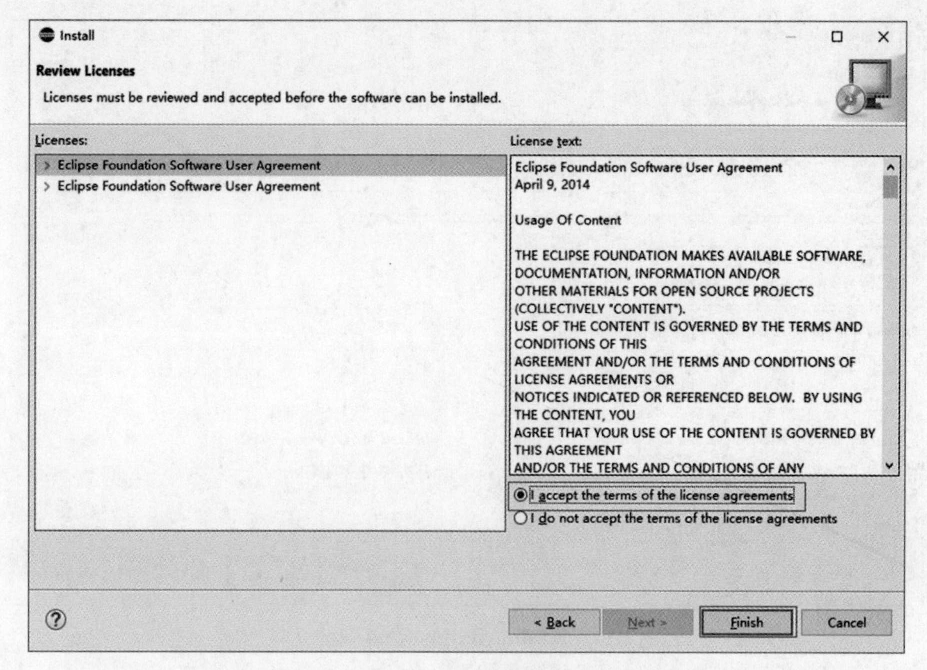

图1.16　WindowBuilder插件安装（6）

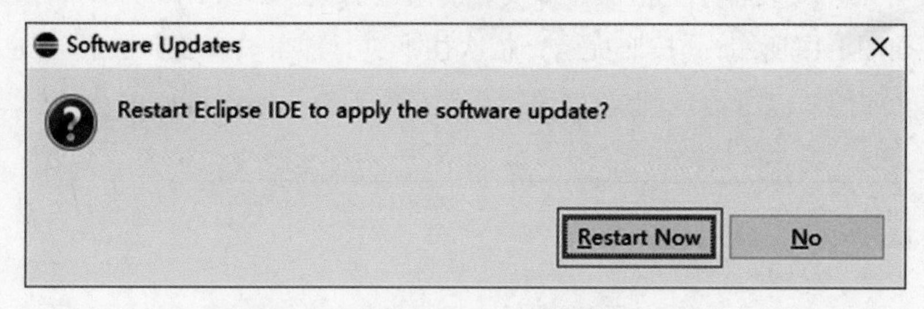

图1.17　WindowBuilder插件安装（7）

1.2.3　MySQL安装

这节课我们将一起搭建后台数据存储及管理环境，也就是在计算机中安装MySQL数据库和MySQL前台开发工具MySQL Workbench。

（1）MySQL Community Server

① 打开浏览器，输入MySQL的下载网址https://dev.mysql.com/downloads/，选择要下载的MySQL产品，如图1.18所示。

② 根据自己的操作系统版本，选择对应版本的软件安装程序，下载到计算机本地硬盘中，如图1.19和图1.20所示。

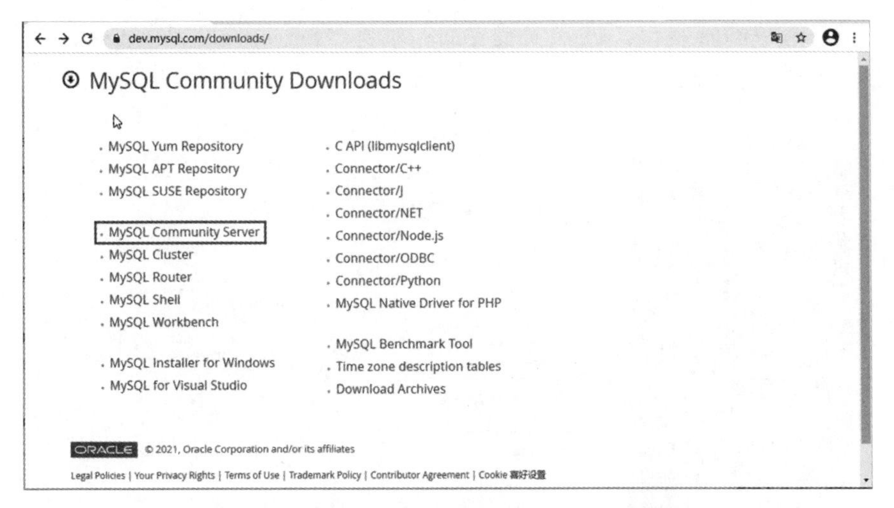

图1.18　MySQL Community Server下载页面

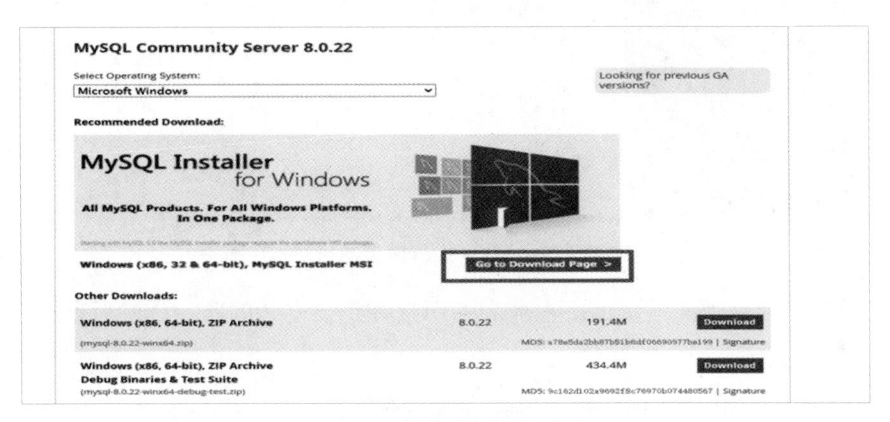

图1.19　版本选择页面（1）

图1.20　版本选择页面（2）

③ 双击下载的安装包，进入安装界面，选择“Server only”单选框，然后点击“Next”按钮，如图1.21所示。

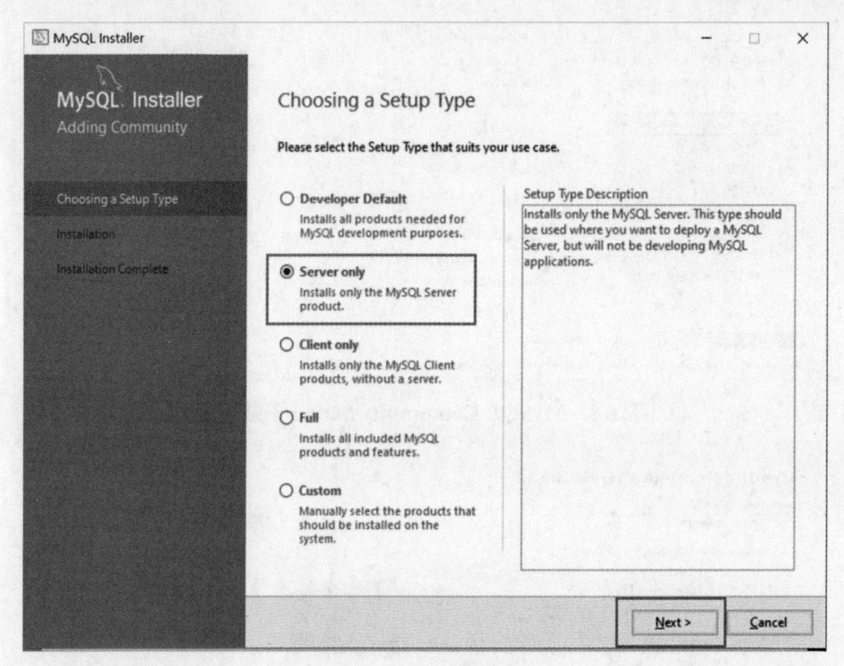

图1.21　MySQL安装界面（1）

④ 进入安装路径配置页面，在此界面中选择想要安装的路径，然后点击“Next”按钮，如图1.22所示。

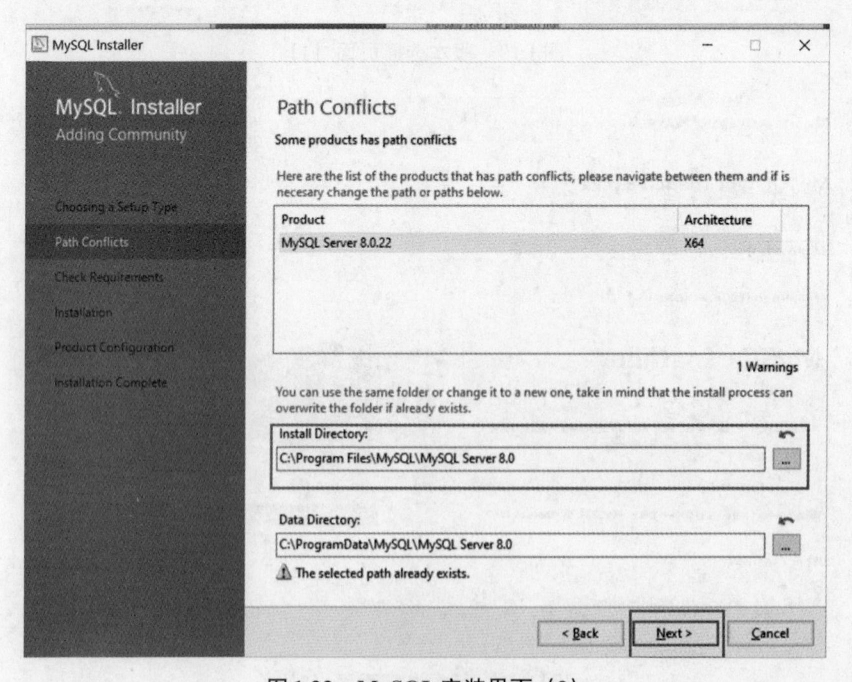

图1.22　MySQL安装界面（2）

⑤ 安装程序在安装前，会检查一下当前安装所需要的软件环境是否具备。如果缺少相关支撑软件，安装程序会给出提示。此时可以直接点击“Execute”按钮，安装所需的支撑软件，如图1.23和图1.24所示。

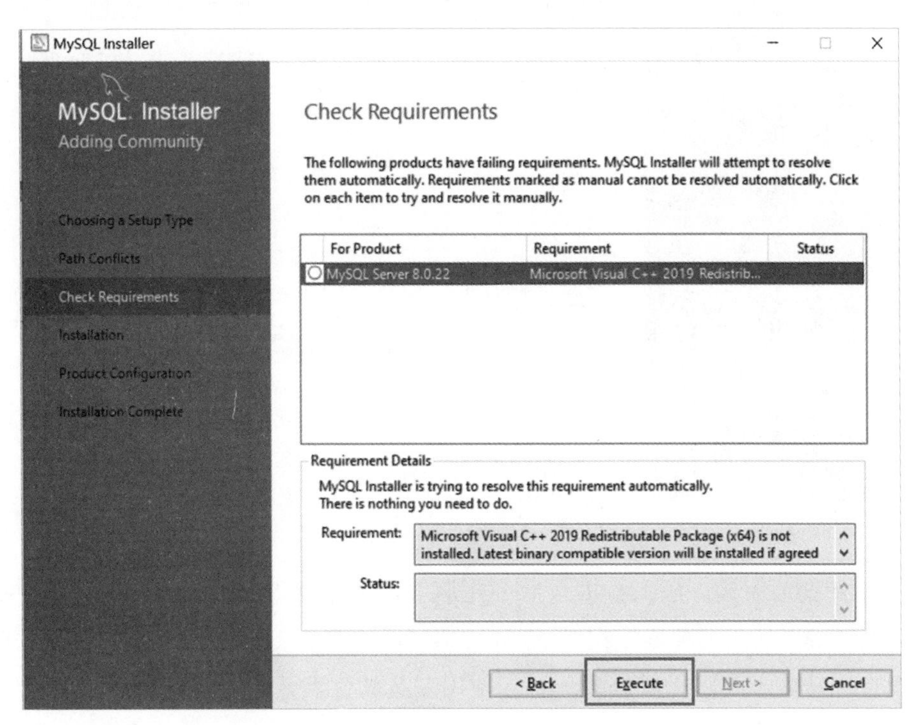

图1.23　MySQL安装界面（3）

图1.24　支撑软件安装界面

⑥ 如果软件已经满足要求，则直接点击“Next”按钮进行安装，如图1.25所示。安装的过程在此不做赘述了。按照安装软件的提示，依次点击“Execute”或“Next”按钮即可。

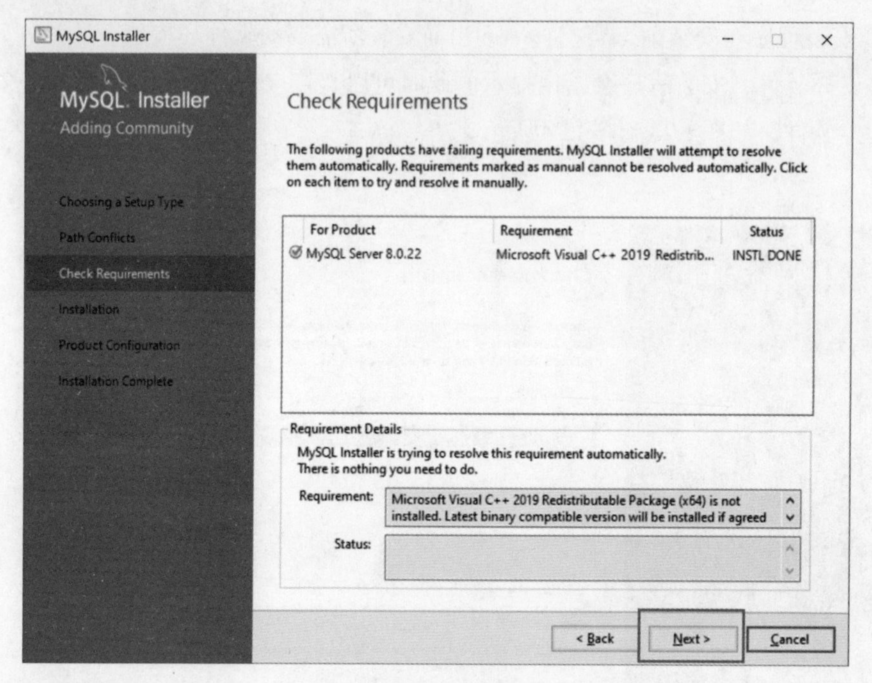

图1.25　MySQL安装界面（4）

⑦ 软件安装完成以后，会进入MySQL服务器的配置界面。首先会提示用户进行网络协议和端口的相关配置。在这里配置类型Config Type选择开发类型，其他的配置如果没有特殊需求，则无需修改配置，使用安装软件默认的配置即可。点击“Next”按钮，如图1.26所示。

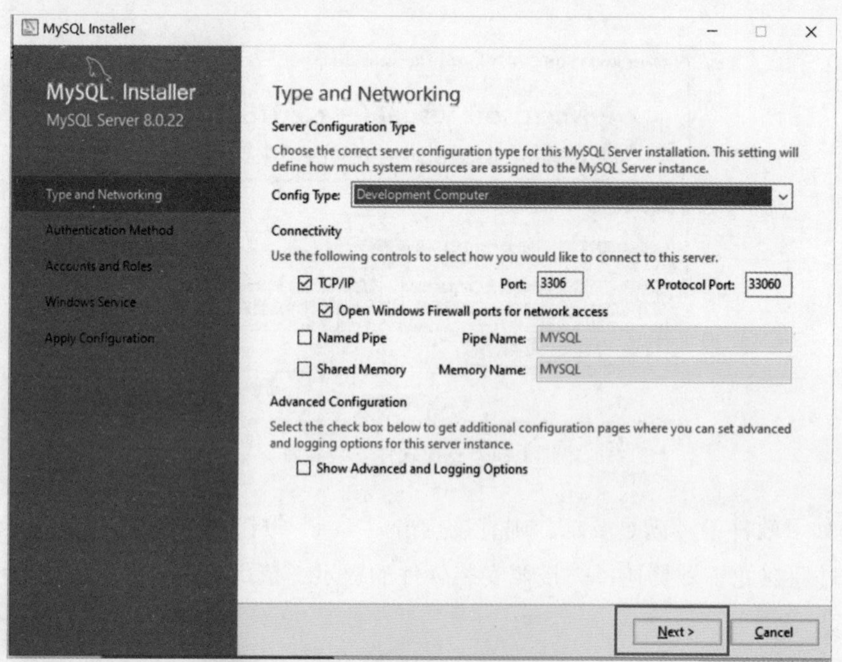

图1.26　MySQL配置界面（1）

⑧ 进入认证方法选择界面。在此界面中要选择数据库密码验证的方式。选择传统的验证方式，点击“Next”按钮，如图1.27所示。

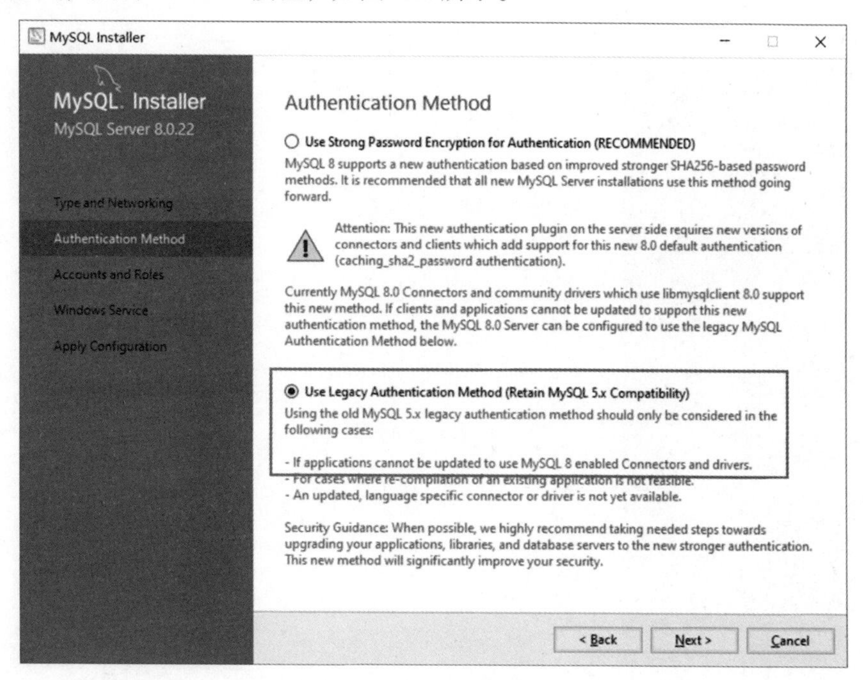

图1.27　MySQL配置界面（2）

⑨ 设定数据库Root账号的密码。输入完成以后，点击“Next”按钮，如图1.28所示。

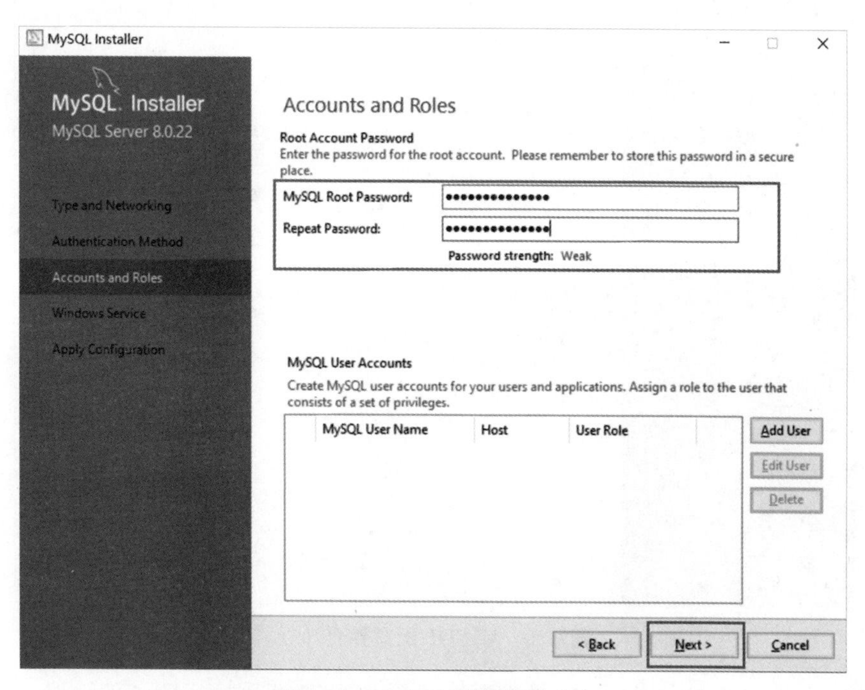

图1.28　MySQL配置界面（3）

⑩ 安装程序会再次让用户输入Root密码进行验证，如图1.29所示。在接下来的Windows服务配置页面可以不做任何的修改，使用默认值即可，如图1.30所示。

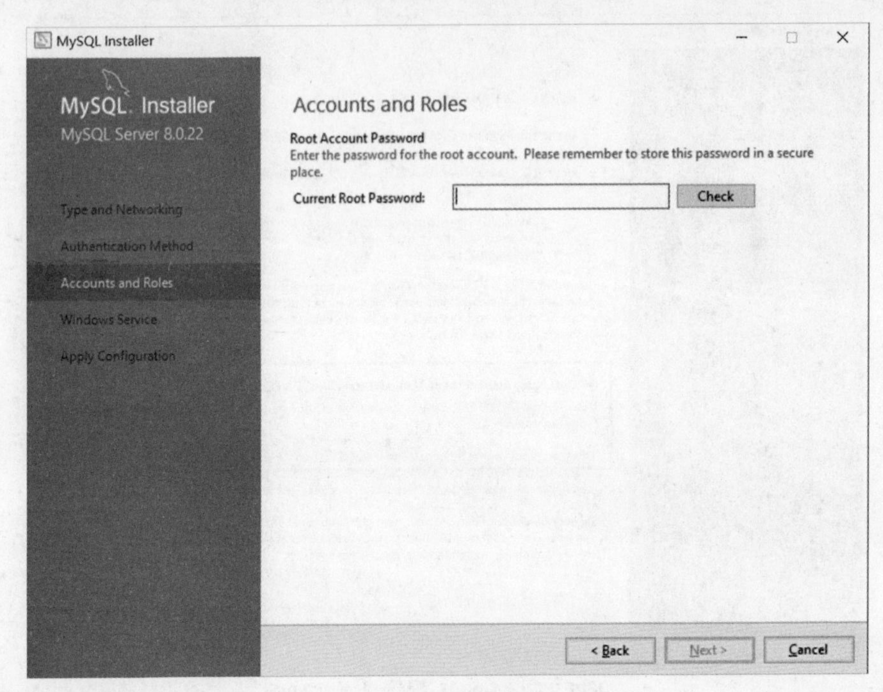

图1.29　MySQL配置界面（4）

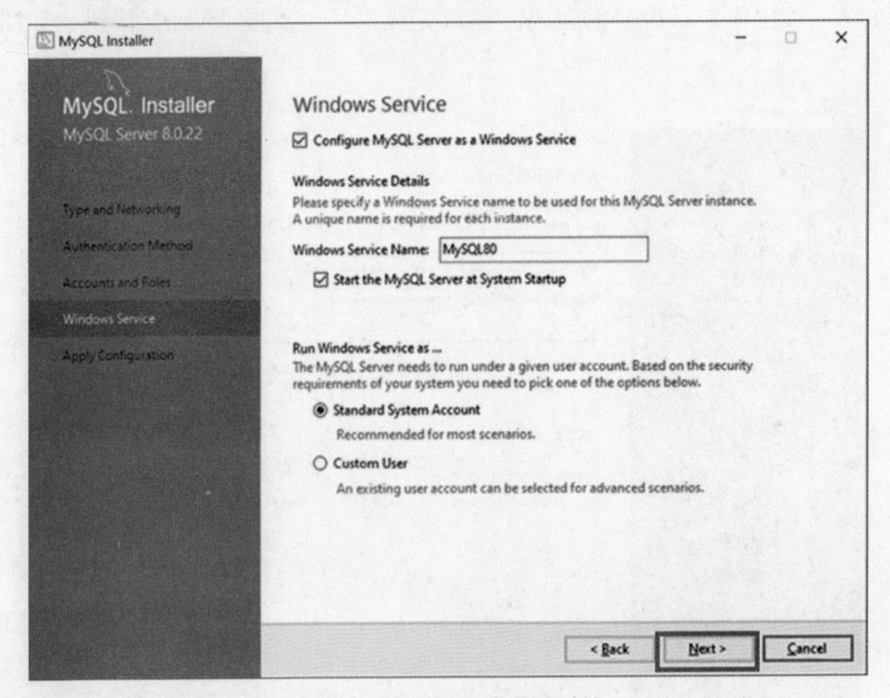

图1.30　MySQL配置界面（5）

⑪ 所有的配置完成以后，点击“Execute”按钮来开始执行刚才的设置，执行完

毕后点击“Finish”按钮完成安装，如图1.31所示。

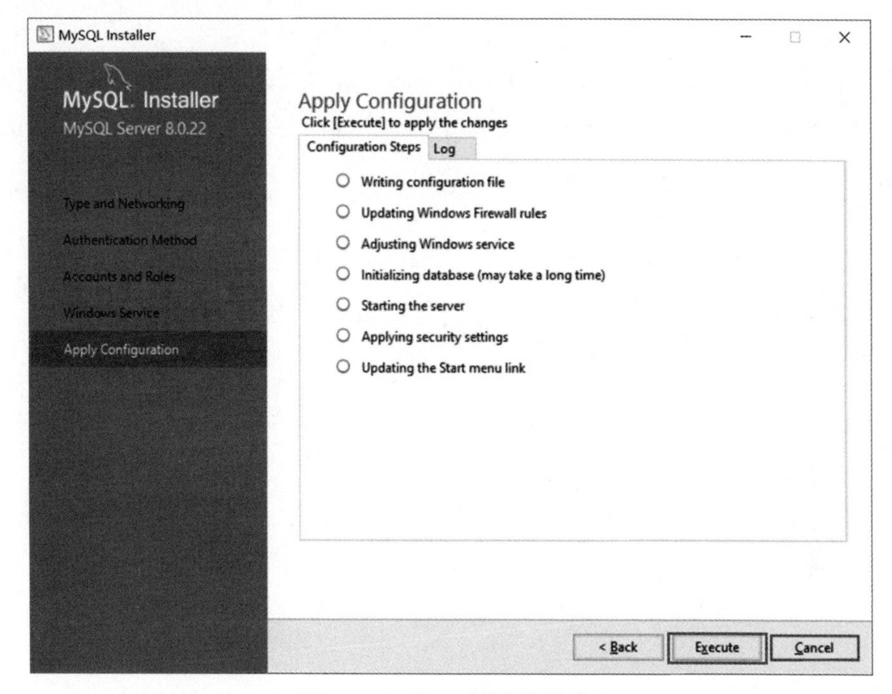

图1.31　MySQL配置界面（6）

（2）MySQL Workbench

MySQL服务器安装完成以后，如果想对数据库进行相关的管理，需要在命令提示符的界面中，使用命令行来进行操作。这种操作方式对于初学者会造成极大的负担。因此可以安装MySQL图形化管理界面MySQL Workbench。

MySQL WorkBench下载网址也是https://dev.mysql.com/downloads/，在此页面中选择MySQL Workbench，如图1.32所示。

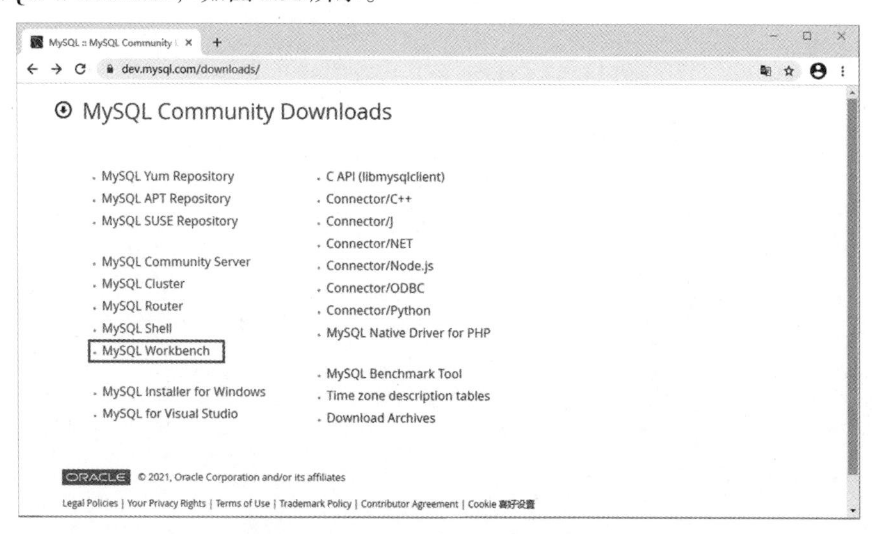

图1.32　MySQL Workbench下载页面

MySQL Workbench的下载与安装操作比较简单，按照提示依次进行即可，在此不做过多的赘述。

至此，我们已经将本门课程所需要的全部软件环境安装完成。但由于开发使用的软件版本更新较快，在实际的下载与安装过程中，界面与本书可能略有出入，请读者注意辨别。

第2章　学生成绩管理系统项目简介

本次项目采用学生比较熟悉的成绩管理系统来实践Java的可视化知识点。通过本项目的学习，除了要熟练掌握Java可视化应用的相关知识，还涉及MySQL数据库的相关操作。

2.1　项目简介

学生成绩管理系统是学生在学校期间接触最多的信息系统之一，因此学生对成绩系统的需求了解最多。我们采用学生成绩管理系统作为本次项目的案例，使学生在需求的分析上不需要花费太多的精力，从而可以将注意力主要放在利用Java可视化对系统的实现上。

在学生管理系统中涉及的数据主要包含三部分内容，分别为学生、课程和成绩。为了确保数据组织的条理性、有效性，结合学校现行的管理情况，将数据的管理进一步细化，本系统要管理的数据主要内容如下。

① 用户信息：主要存放可以使用本系统的用户信息，提高系统使用中的安全性，避免未经授权的人员操纵系统，使数据产生问题。

② 学院信息：根据学校对学生管理的行政划分，学生划分在不同二级学院下的各专业中。根据这一划分，系统要对部门的基础信息进行管理。

③ 专业信息：学生隶属关系的第二级，专业信息隶属于学院信息而存在。

④ 班级信息：学生的直接隶属，班级的上一级隶属为专业信息。

⑤ 学生信息：通过部门、专业、班级的层级管理对学生的信息进行组织。

⑥ 教学方案：在学校中，学生学习的课程不是完全一致的。不同部门、专业的课程差别很大。不同专业的学生学习的课程是不同的，甚至同一专业不同年级的学生学习的课程也经常是不同的。而在同一专业中，同一年级的不同班级中的课程基本上是一致的，甚至同一专业几个年级内的课程都是一致的，因此课程数据不能简单管理。首先需要根据不同的专业管理教学计划方案的一些基本信息。

⑦ 课程信息：使课程隶属于教学方案，避免学生在对课程进行选择的时候发生混乱。

⑧ 年级选课信息：让年级与教学方案建立联系，可以使选课便捷、快速、高效地进行，减轻人员选课的负担。

⑨ 成绩信息：最终的学生与课程之间的对应关系通过成绩得以体现。

2.2 功能结构

信息管理系统的最本质的功能是数据的增、删、改、查。在了解了学生成绩管理的基本信息的基础上，初步设计了本项目的功能结构图，如图2.1所示。

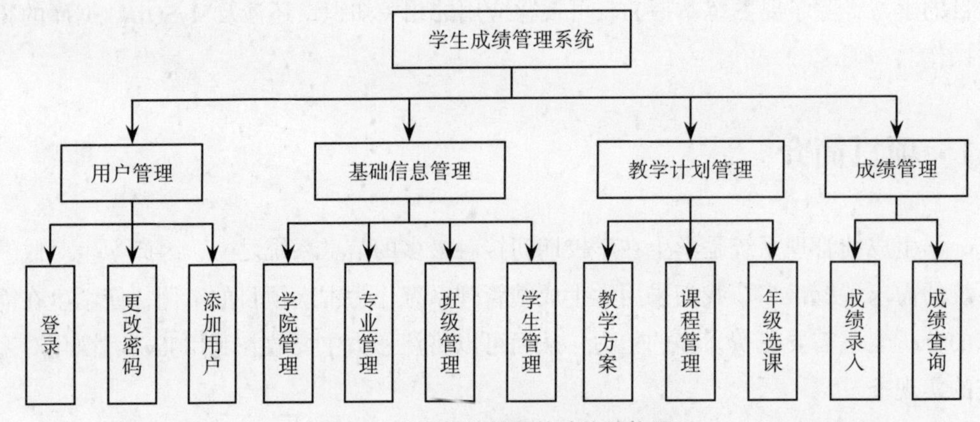

图2.1 学生成绩管理的功能结构图

本系统主要包含四大模块。

用户管理模块主要包含登录、更改密码和添加用户三个主要功能。本模块中主要管理的数据是用户信息。在功能的实现上，主要是对于用户信息的简单增、删、改、查。本阶段除了要学习图形界面的知识，还要学习Java如何从数据库里面存取数据。

基础信息管理模块包含学院（部门）管理、专业管理、班级管理和学生管理四个主要功能。在这个模块中，主要完成对学院、专业、班级和学生的数据的增、删、改操作。功能实现上相对简单。因此，在本阶段的学习重点是Java可视化控件的使用及程序设计上的一些技巧。

教学计划管理模块主要包含教学方案、课程管理和年级选课功能。在这个模块中，从需求的理解上和逻辑的设计上，都存在一些难度。同时在界面的设计上，为了保证界面的友好性和操作的便利性，也需要花费一定的心思。

成绩管理模块主要包含成绩录入和成绩查询功能。本模块的功能需要从多张数据表格中提取数据来配合操作，属于本案例中比较综合及复杂的功能，细节问题届时再为读者详细讲解。

第3章　用户管理

本系统由用户管理、基础信息管理、教学计划管理及成绩管理四个部分构成，本章将详细介绍用户管理这一部分的功能。

在用户管理模块中主要包括登录、更改密码和添加用户三个主要功能，本章将详细介绍这些功能的实现过程。

3.1　登录窗体

登录界面指的是需要提供账号密码验证的界面，有控制用户权限、记录用户行为、保护操作安全的作用。这个窗体是系统与用户交互的首个界面。

3.1.1　使用WindowBuilder插件辅助编写的登录窗体

在学习Java基础时，在创建图形界面过程中，需要花费大量的代码在界面布局上。这种方法对于Java的初学者来说是一件很头疼的事情。幸好我们使用的前台开发环境Eclipse也为Java的程序员考虑到了这个问题，提供了WindowBuilder插件。通过这个插件，Java程序员可以真正地使用图形化的方式进行程序界面的设计，极大地减轻了界面设计的代码工作量。WindowBuilder是一种非常好用的Swing可视化开发工具，有了它，开发人员就可以像Visual Studio一样通过拖放组件的方式编写Swing程序了，可以快速开发友好、交互及个性化的窗体应用程序。在第1章开发环境的配置中，在安装Eclipse时已经将Window Builder安装好了。下面就学习一下它的使用方法。

使用WindowBuilder插件来创建界面的步骤如下。

① 启动Eclipse。在工作区的设置界面中，选择或创建一个本地的磁盘目录作为本项目的工作区。本项目中选择C盘的workspace目录作为工作区。然后点击“Launch”按钮，如图3.1所示。

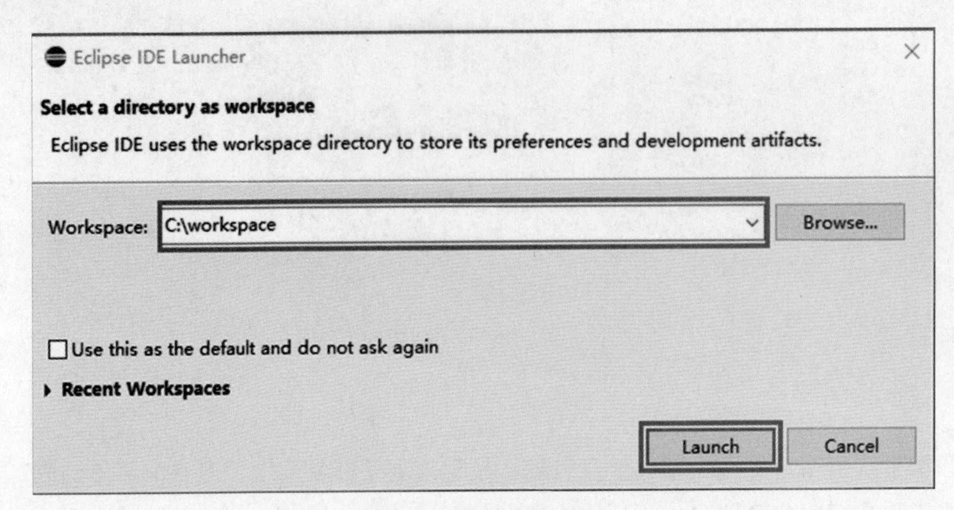

图3.1　工作区选择界面

② 在Eclipse主界面中点击菜单栏中的File菜单，在弹出的菜单中选择New菜单项。继续在弹出的菜单中选择Java Project菜单项，开始创建Java项目，如图3.2所示。

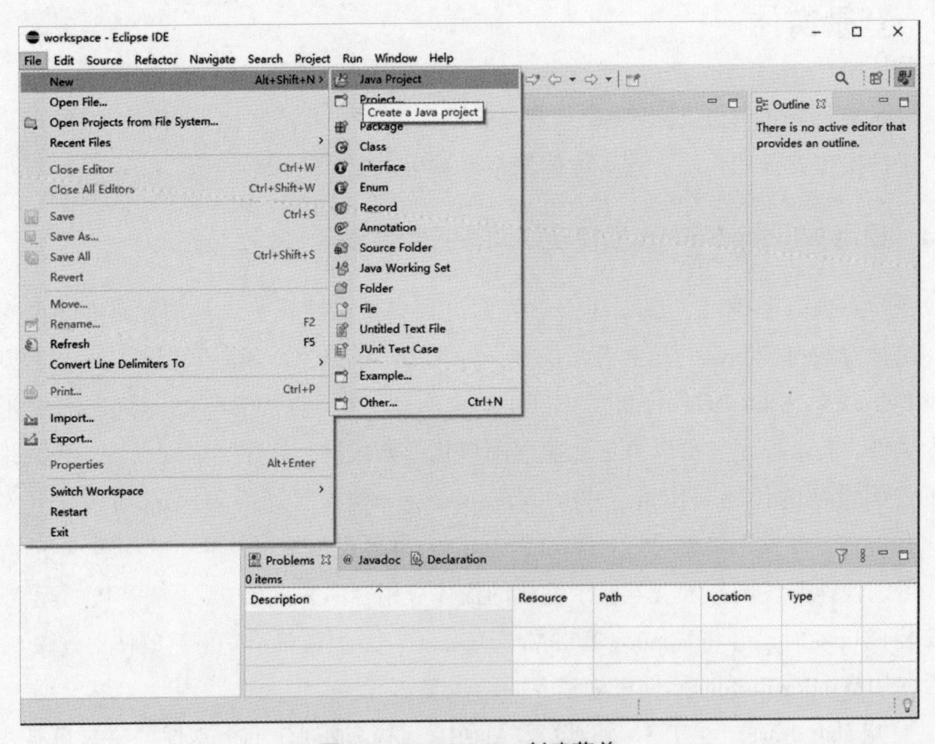

图3.2　Java Project创建菜单

③ 在Project name对话框里输入本项目的名称“ams”，然后鼠标单击“Finish”按钮开始创建Java项目，如图3.3所示。然后出现对话框询问是否创建module-info.java文件，选择“Don't Create”按钮，如图3.4所示。

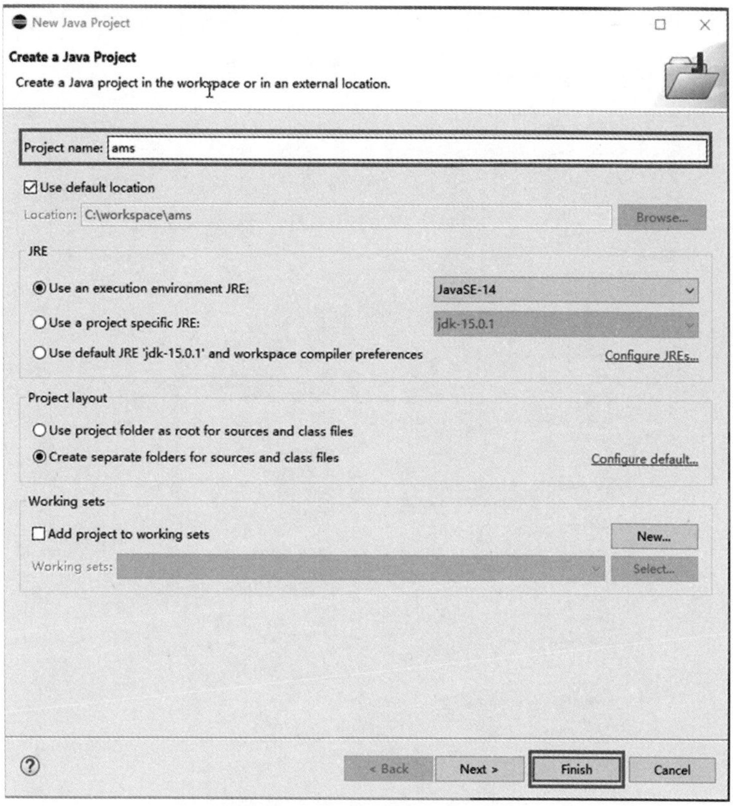

New Java Project

Create a Java Project

Create a Java project in the workspace or in an external location.

Project name: ams

☑ Use default location

Location: C:\workspace\ams　Browse...

JRE

◉ Use an execution environment JRE: JavaSE-14

○ Use a project specific JRE: jdk-15.0.1

○ Use default JRE 'jdk-15.0.1' and workspace compiler preferences　Configure JREs...

Project layout

○ Use project folder as root for sources and class files

◉ Create separate folders for sources and class files　Configure default...

Working sets

☐ Add project to working sets　New...

Working sets:　Select...

< Back　Next >　Finish　Cancel

图3.3　创建Java Project界面

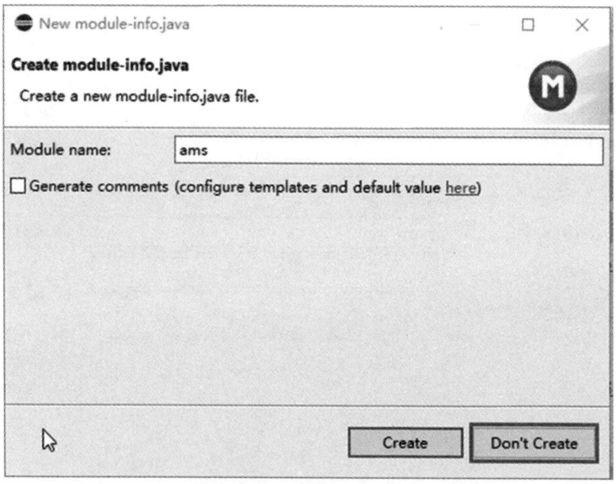

New module-info.java

Create module-info.java

Create a new module-info.java file.

Module name: ams

☐ Generate comments (configure templates and default value here)

Create　Don't Create

图3.4　创建module-info.java界面

④ 在Eclipse主界面左端包资源管理器中鼠标左键点击项目左端的箭头，会显示该项目下的目录结构。再点击src目录右边的箭头，目前该目录下面是空白的，没有创建任何内容。接下来鼠标右键单击src目录，在弹出的菜单中选择New菜单项。继续在弹出的菜单中选择Package菜单项（如图3.5所示），然后在对话框中输入包的名

字“view”后，点击“Finish”按钮（如图3.6所示），这样就新创建了一个view包。在本项目中，和界面视图相关的Java类都放到这个包里。

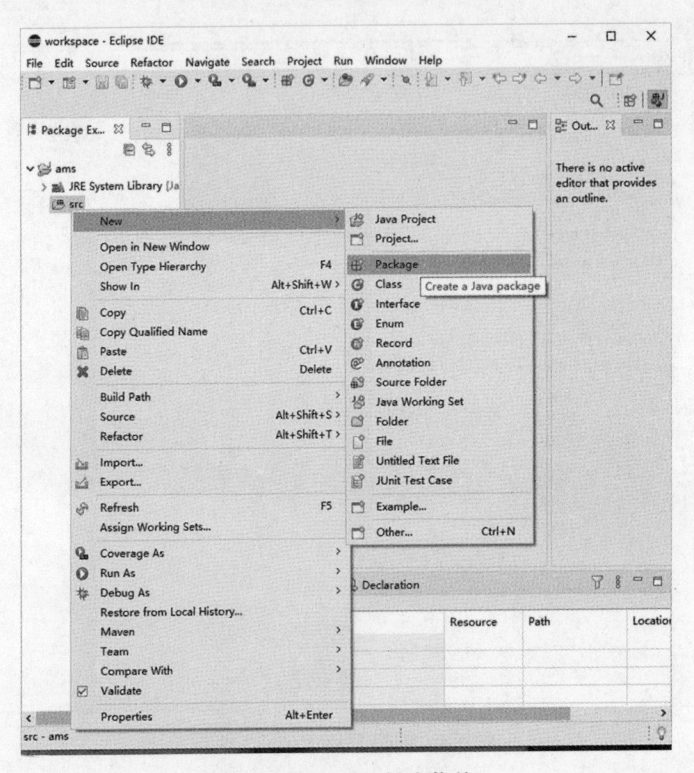

图3.5 Package创建菜单

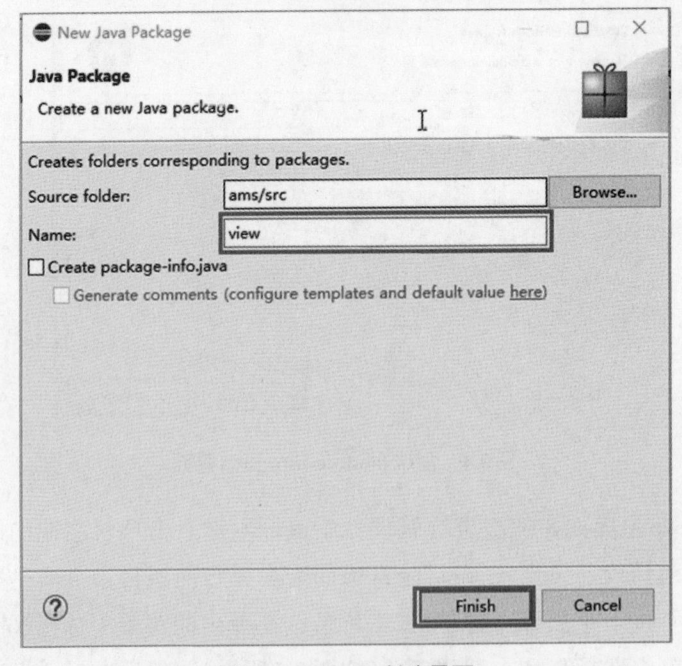

图3.6 Package创建界面

⑤ 鼠标右键单击view包，在弹出的菜单中选择New菜单项。继续在弹出的菜单中选择Other...菜单项，如图3.7所示。

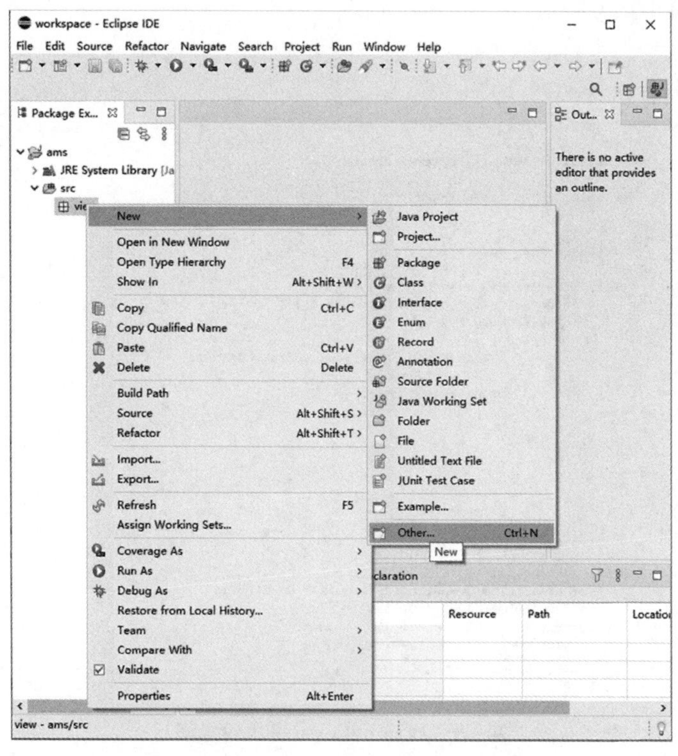

图3.7 使用WindowBuilder插件创建界面（1）

⑥ 在新建向导对话框中选择WindowBuilder→Swing Designer→JFrame。选择完成后，点击“Next”按钮。在弹出的新建框架对话框中的Name框中输入框架名称“JFrameLogin”后，点击“Finish”按钮，如图3.8所示。

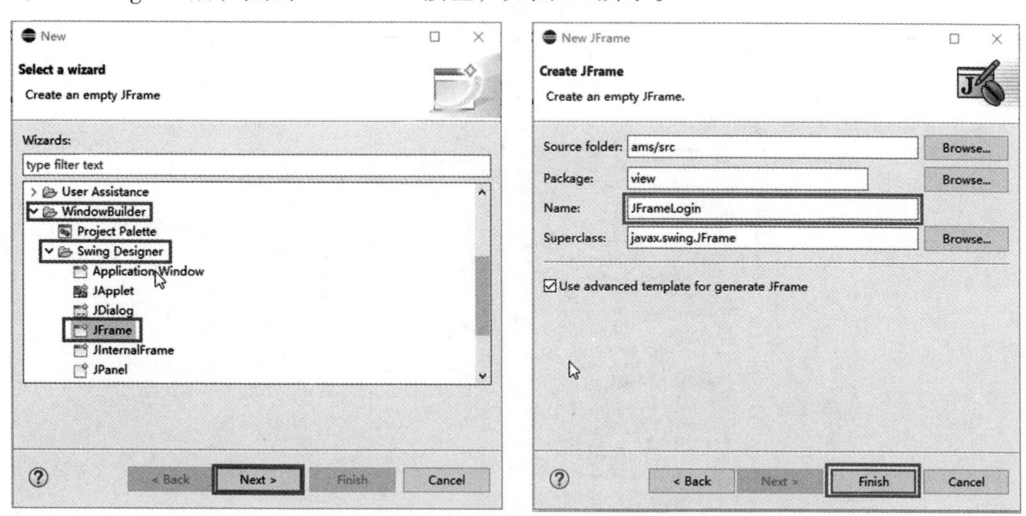

图3.8 使用WindowBuilder插件创建界面（2）

⑦ 系统创建了JFrameLogin类，并编写了一部分代码。在代码下部有两个标签页，分别标示着Source和Design。当前源代码Source标签页被选择，也就是现在所能看到的代码界面，如图3.9所示。

```
JFrameLogin.java
1  package view;
2
3⊕ import java.awt.BorderLayout;
9
10 public class JFrameLogin extends JFrame {
11
12     private JPanel contentPane;
13
14⊖    /**
15      * Launch the application.
16      */
17⊖    public static void main(String[] args) {
18⊖        EventQueue.invokeLater(new Runnable() {
19⊖            public void run() {
20                try {
21                    JFrameLogin frame = new JFrameLogin();
22                    frame.setVisible(true);
23                } catch (Exception e) {
24                    e.printStackTrace();
25                }
26            }
27        });
28    }
29
30⊖    /**
31      * Create the frame.
32      */
33⊖    public JFrameLogin() {
34        setDefaultCloseOperation(JFrame.EXIT_ON_CLOSE);
35        setBounds(100, 100, 450, 300);
36        contentPane = new JPanel();
37        contentPane.setBorder(new EmptyBorder(5, 5, 5, 5));
Source  Design
```

图3.9　JFrameLogin类代码界面

⑧ 下面选择设计Design标签页。选择后可以看到，原来显示代码的位置现在被三列子窗体替代。其中，最右边的界面显示了一个框架，这个框架是目前代码书写的框架最终执行后的样式。中间的子窗体代表可以添加到框架上的组件的调色板界面，可以根据需要拖动组件到框架上即可完成界面设计。最左边两个窗体上面的代表当前框架下的组件列表，下面代表的是组件的相关属性设置界面，如图3.10所示。

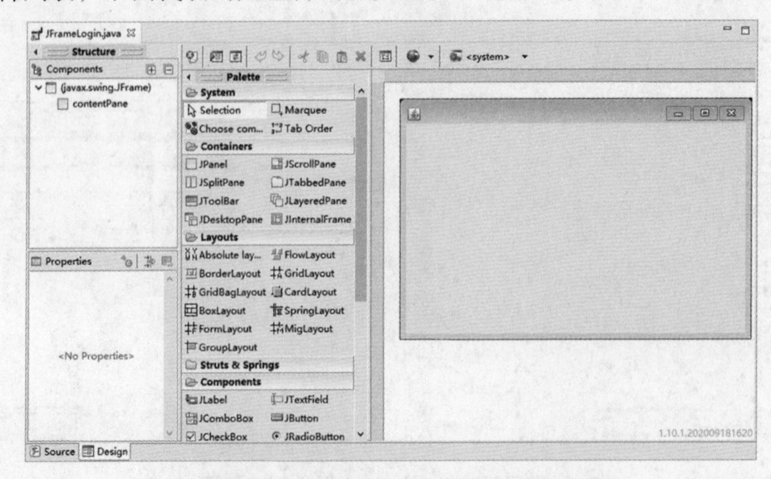

图3.10　JFrameLogin类设计界面

⑨ 用鼠标左键点击一下最右边的框架界面。可以看到在左下角属性界面里显示出当前内容面板里面的相关属性内容，当前的内容面板布局为边界布局。点击框架的标题栏，在属性界面里将title属性修改为“登录”。

下面通过控件的拖拽方式来设计一下登录界面。

① 在中间的组件界面中分别选择三个JPanel组件，并将它们放置到内容面板的北、中、南区域上，在左上角的组件界面里分别选择三个面板，并将它们重新命名为“JPanelUserName”“JPanelPassword”“JPanelButton”，如图3.11所示。

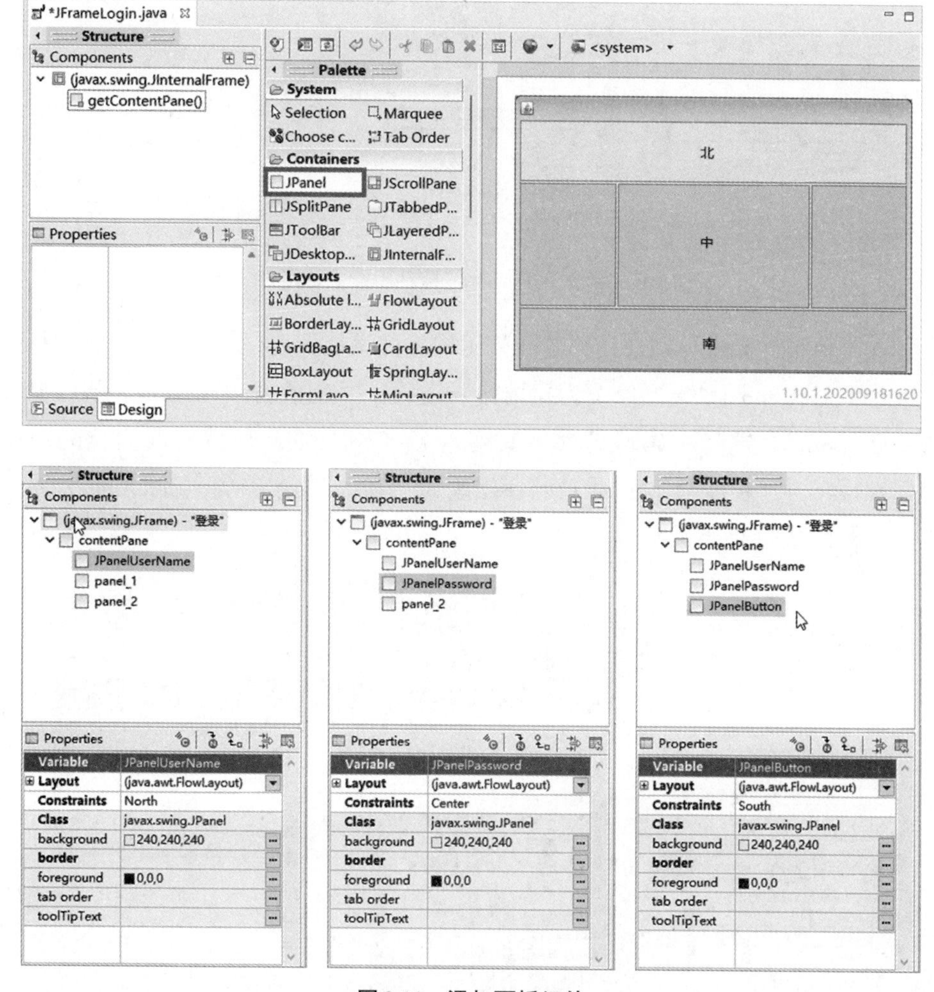

图3.11 添加面板组件

② 在调色板界面中分别选择标签（JLabel）和文本域（JTextField）控件添加到用户名面板上。选择标签控件，并将其文本（text）属性修改为“请输入用户名:”。变量名（Variable）属性修改为“jLabelUserName”。选择文本域控件将其变量名（Variable）属性修改为“jTextFieldUserName”，如图3.12所示。

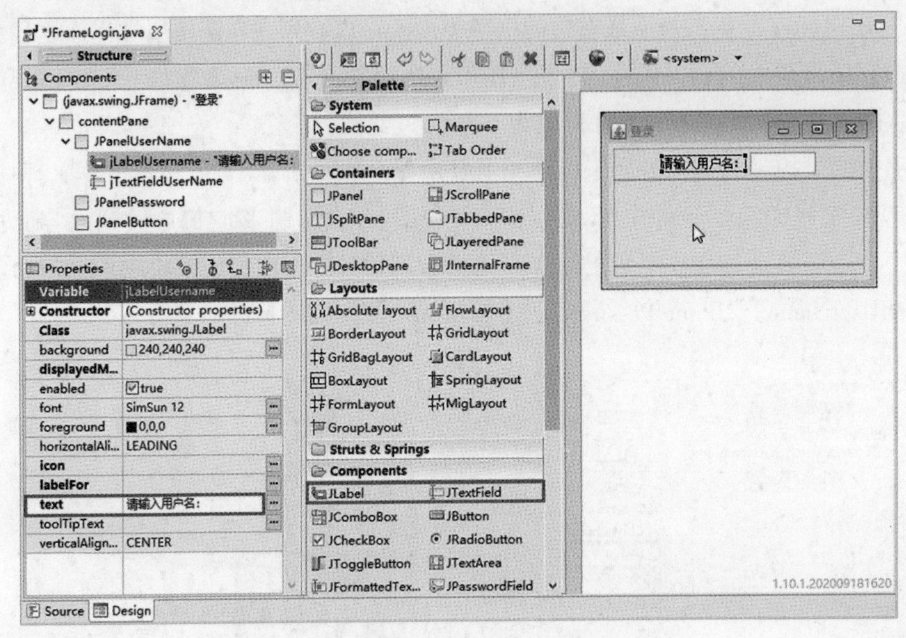

图3.12 添加用户名标签控件和文本域控件

③ 在调色板界面中分别选择标签和密码域控件添加到用户名面板上。选择标签控件，并将其文本（text）属性修改为“请输入密码:”。变量名（Variable）属性修改为“jLabelPassword”。选择密码域控件将其变量名（Variable）属性修改为“jPasswordFieldpassword”，列长度（columns）属性修改为“10”，显示字符（echoChar）属性修改为“*”，如图3.13所示。

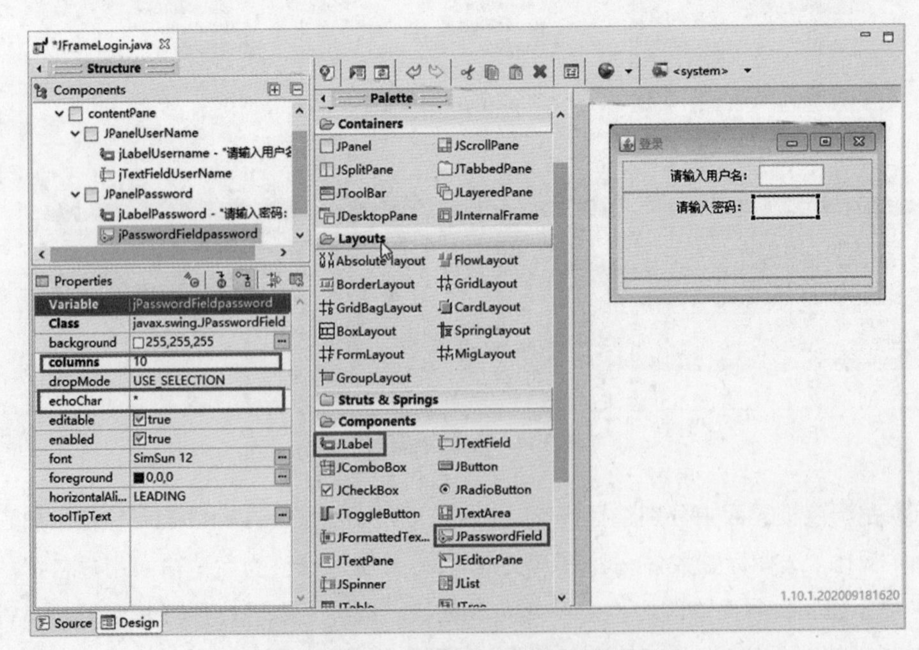

图3.13 添加密码标签控件和密码域控件

④ 在调色板界面中分别两次选择按钮控件添加到按钮面板上。将第一个按钮的变量名（Variable）属性修改为“jButtonOK”，文本（text）属性修改为“确定”。将第二个按钮的变量名（Variable）属性修改为“jButtonCancel”，文本（text）属性修改为“取消”，如图3.14所示。

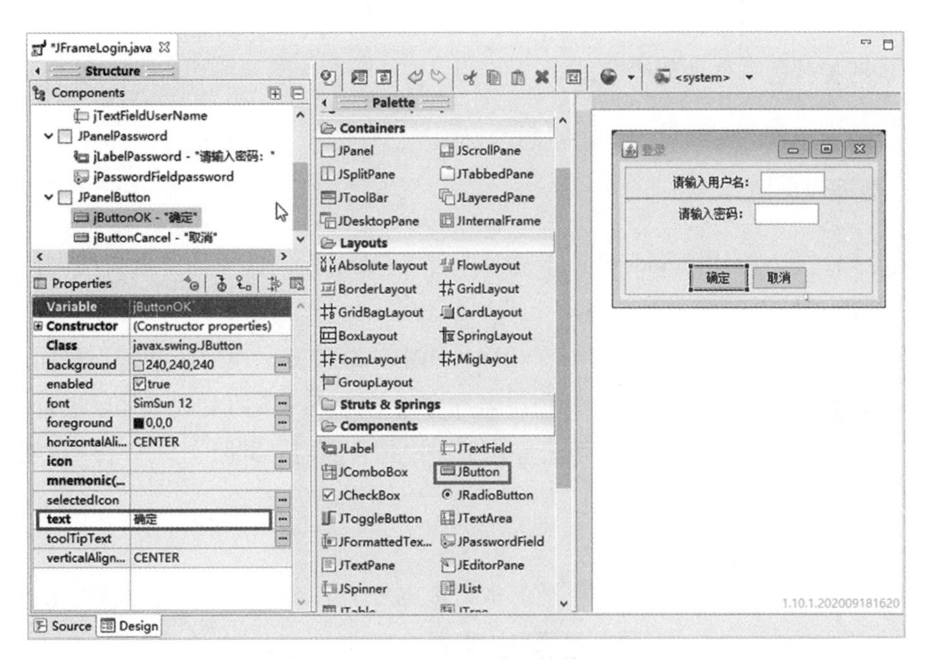

图3.14　添加按钮控件

现在借助WindowBuilder插件的帮助完成了界面的布局。下面来完成两个按钮侦听事件的代码编写。

① 用鼠标左键在框架上双击确定按钮。视图会自动地转换到源代码（source）界面，代码界面已经为确定按钮添加了侦听事件对应的代码，只需在活动执行方法里填写需要完成的代码即可。代码如图3.15深色选中区域所示。

```
jButtonOK.addActionListener(new ActionListener() {
    public void actionPerformed(ActionEvent e) {
        String password = String.valueOf(jPasswordFieldpassword .getPassword());
        if (jTextFieldUserName.getText().equals("admin") && password.equals("123456"))
            JOptionPane.showMessageDialog(null, "登录成功", "提示信息", JOptionPane.INFORMATION_MESSAGE);
        else
            JOptionPane.showMessageDialog(null, "输入的用户名或密码错误", "错误提示", JOptionPane.ERROR_MESSAGE);
    }
});
```

图3.15　添加按钮控件侦听事件代码

② 使用同样的方法完成取消按钮的侦听事件的代码编写，代码语句为“dispose();”。

代码编写完成后，就可以执行程序来测试登录界面了。

以上就是使用WindowBuilder插件来设计窗体的方法。可以看出窗体设计更加直观，界面设计的过程就是从工具箱窗口中选择控件对象，摆放到合适的位置并修改属性的过程。

总结使用WindowBuilder插件来设计应用程序，主要有以下步骤：

- 添加控件；
- 设置控件的属性；
- 编写控件的事件处理程序；
- 编译运行。

3.1.2 数据表创建

上节课，我们使用WindowBuilder控件辅助完成了界面的设计，极大地简化了程序员在界面布局上的代码工作量。上节课的登录案例在判定用户名、密码是否正确时，是把用户名和密码信息直接写在程序代码中。这种方法用户名和密码是固定的，不利于用户根据实际情况随时进行用户名和密码的调整。下面对登录程序进行改进。将用户名密码数据从数据库中获取，并在程序中进行判定。同时，对程序中可能出现的错误分支也加以判定。

（1）数据库创建

① 打开MySQLWorkbench，连接上本地数据库，在窗体左面的“SCHEMAS”面板空白处单击鼠标右键，在弹出式菜单中选择Create Schema...菜单项来创建本项目的数据库，如图3.16所示。

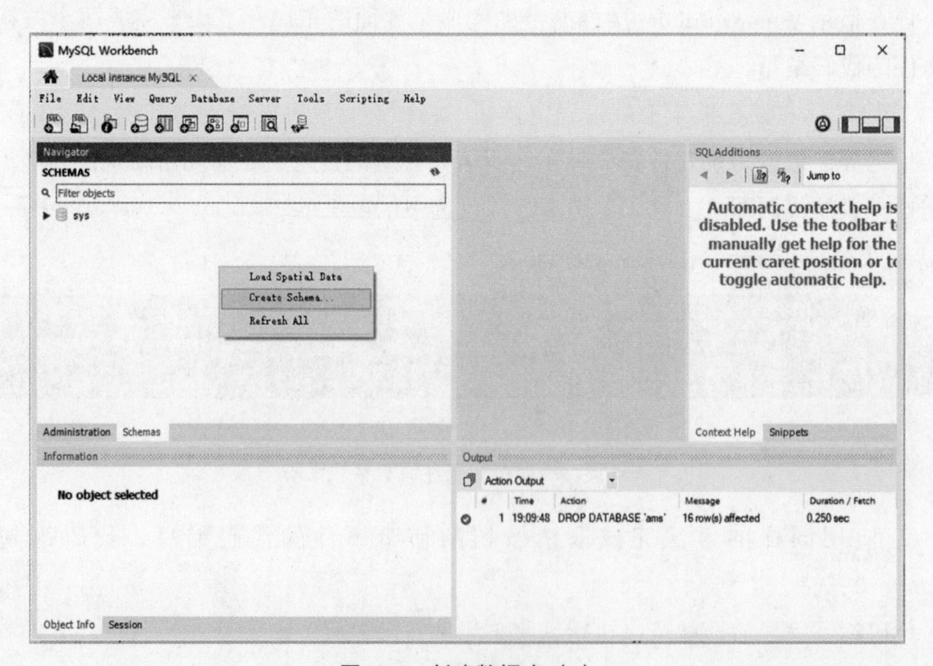

图3.16 创建数据库（1）

② 在弹出的数据库创建面板中首先将Name对话框中添加本数据库的名称“ams”，然后在Charset/Collation下拉列表框中选择数据库的默认字符集为“utf8”和“utf8_bin”。最后点击“Apply”按钮完成数据库的创建，如图3.17所示。创建完成后，会显示创建的结果。直接点“Finish”按钮结束创建。这时可以在导航栏里看到刚才创建的ams数据库。

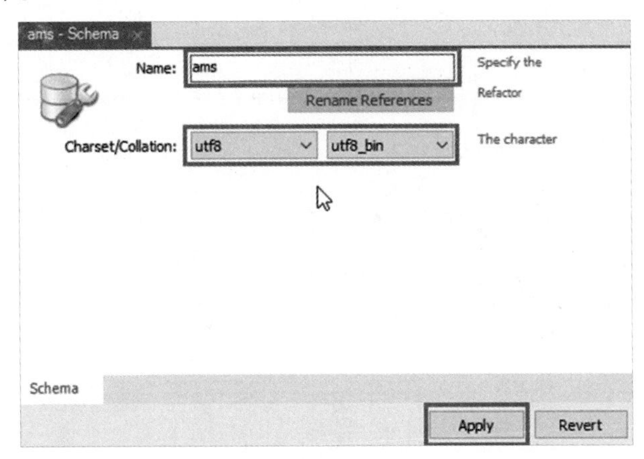

图3.17　创建数据库（2）

（2）用户表创建

在登录管理中涉及的数据表为用户表，下面来介绍一下用户表的创建过程。

① 创建用户表。在窗体的SCHEMAS面板中，使用鼠标左键单击ams数据库左面的三角箭头，在展开的树形结构中使用鼠标右键单击Tables节点，在弹出式菜单中选择Create Table...菜单项来创建表，如图3.18所示。

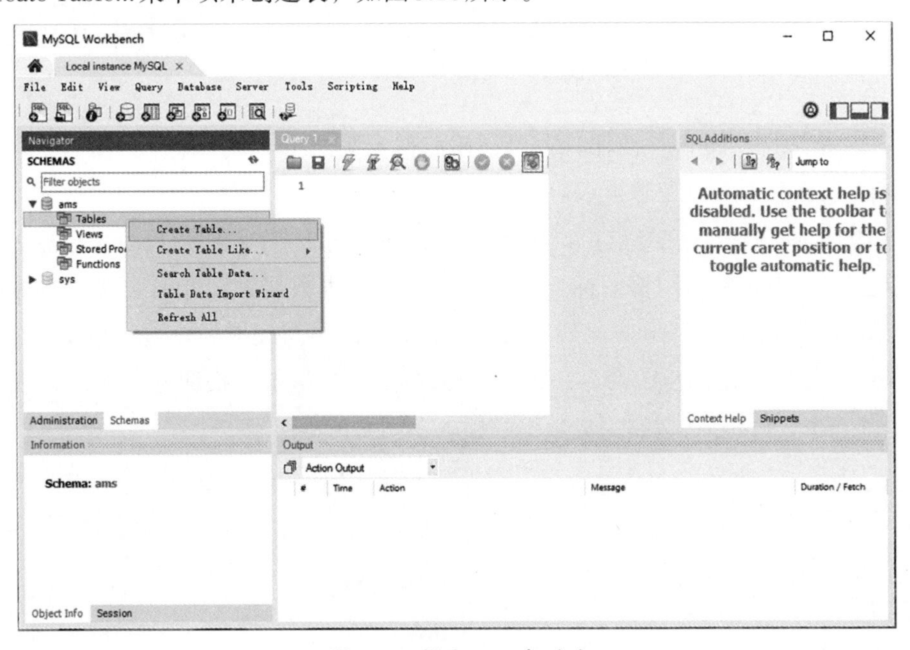

图3.18　创建User表（1）

② 创建用户表的字段。用户表由用户名与密码两个字段构成，具体结构如表3.1所列。

表3.1 用户表结构

字段名	数据类型	长度	小数位	是否主键	注释	备注
username	VARCHAR	20		是	用户名	非空
password	VARCHAR	20			密码	非空

用户表的创建结果如图3.19所示。

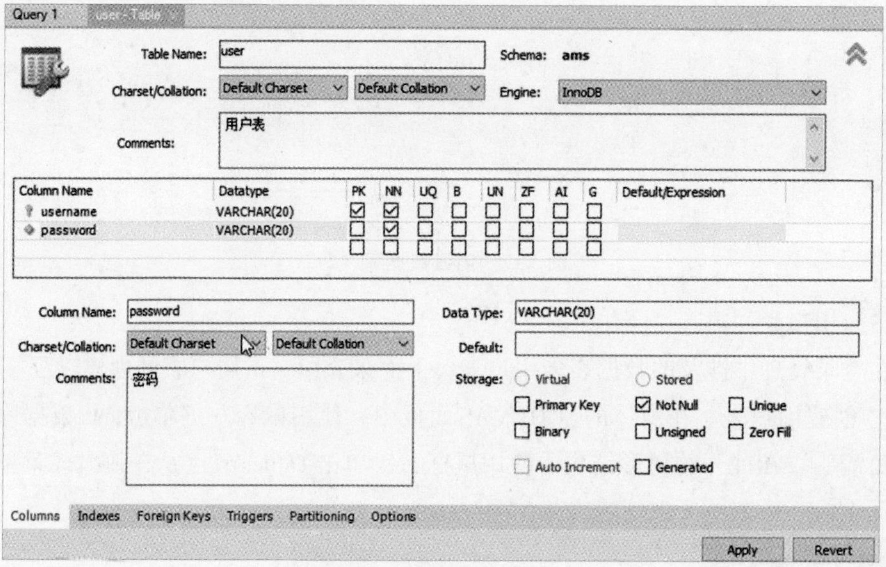

图3.19 创建User表（2）

③ 最后点击“Apply”按钮，弹出创建数据表所使用的SQL命令。确认后继续点击“Apply”按钮开始创建数据表。

④ 添加user数据。在导航窗口用鼠标左键点击Tables左面的蓝色箭头，然后鼠标左键点击User表右侧的网格图标，即可显示出User表数据管理界面。在表格的username列填入“admin”、password列填入“123”。数据填写完成后点击“Apply”按钮，弹出插入数据所使用的SQL命令。确认后继续点击“Apply”按钮开始向User表插入数据，并点击“Finish”按钮完成数据的插入，如图3.20所示。

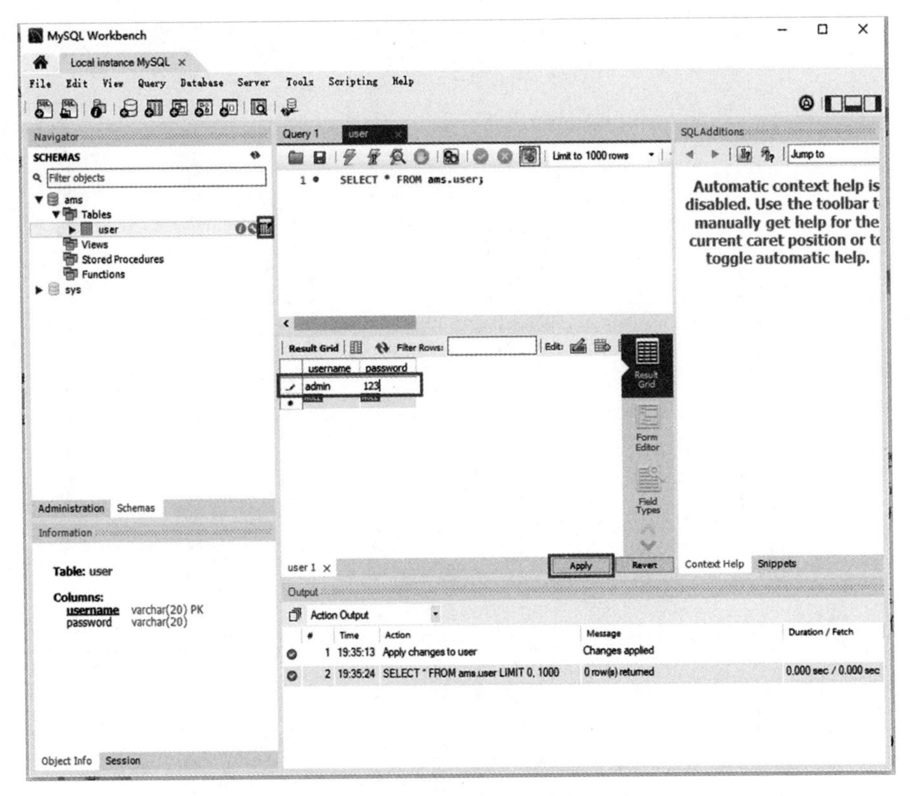

图3.20 User表插入数据

3.1.3 数据库连接及User表操作语句

数据表建好以后，Java前台程序如何和数据库连接呢？Java语言提供了用来规范客户端程序来访问数据库的应用程序接口，称为JDBC API。下面就学习一下如何通过JDBC API来连接到MySQL数据库。

（1）驱动程序包的下载与添加

① 到MySQL官网上下载驱动程序包，安装的MySQL数据库下载地址是https://dev.mysql.com/downloads/，如图3.21所示。

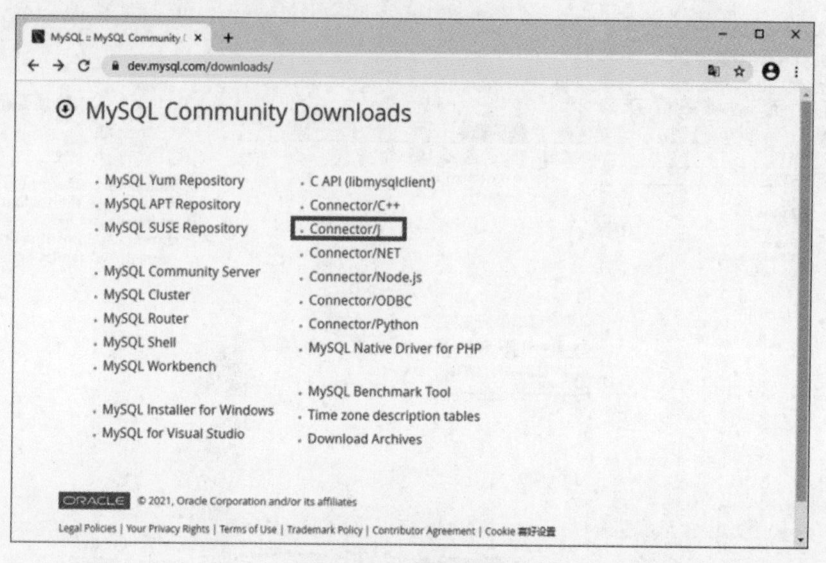

图3.21　下载页面（1）

② 在打开的下载页面中在操作系统选择下拉列表中选择“Platform Independent”，然后选择zip压缩格式的文件下载，如图3.22所示。

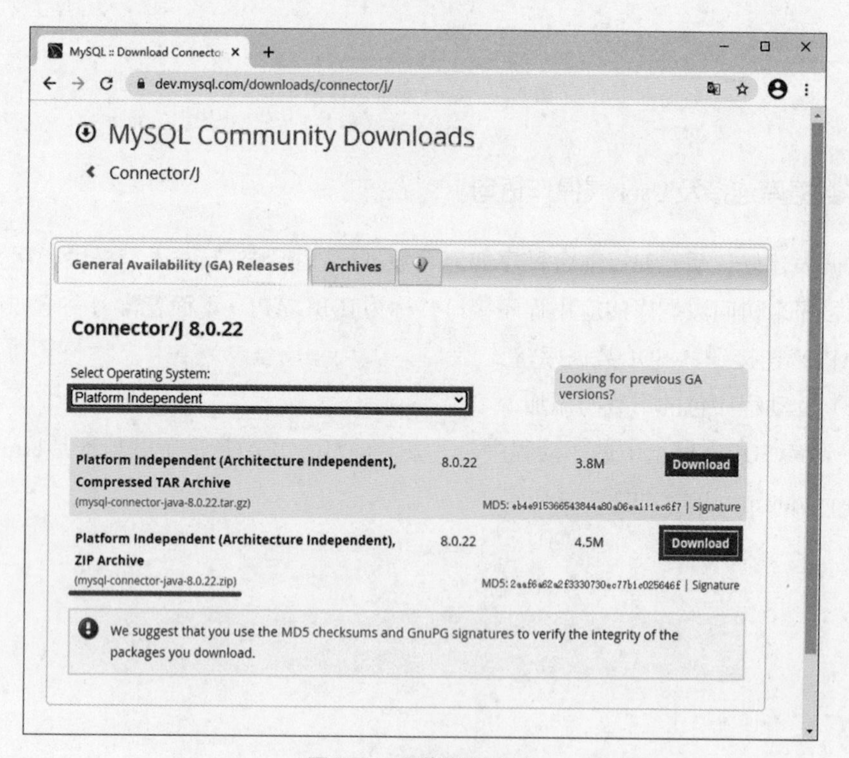

图3.22　下载页面（2）

③ 在接下来的页面中直接选择“No thanks，just start my download.”链接开始下载，如图3.23所示。

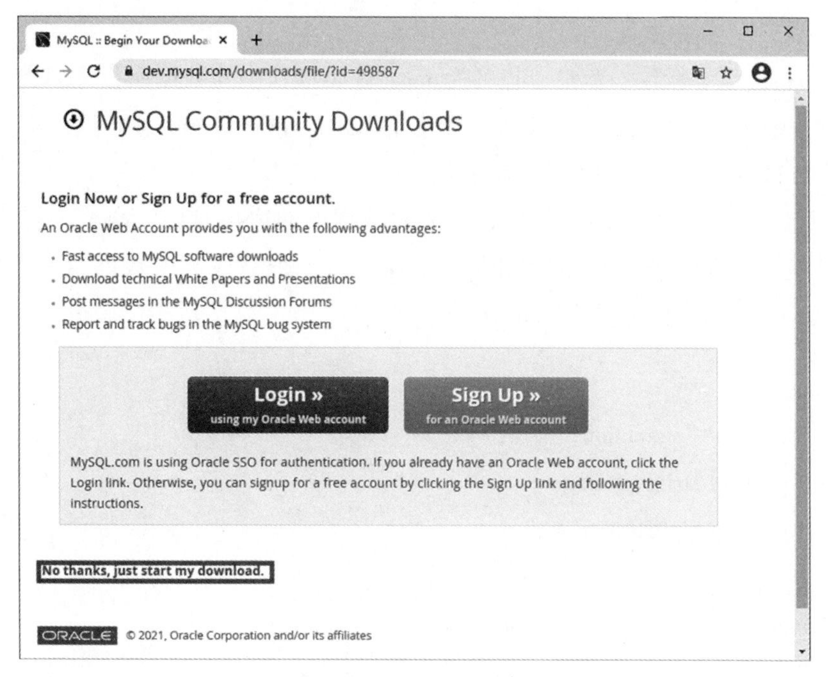

图3.23　下载页面（3）

④ 解压下载的文件，找到“mysql-connector-java-8.0.22.jar”文件。然后在项目ams内新建lib包，将下载的驱动程序包拷贝到lib包内。打开lib包，鼠标右键点击刚才拷贝进来的驱动程序包。在弹出的菜单中依次选择Build Path→Add to Build Path，将数据库驱动程序包添加到当前项目的类库中，如图3.24所示。

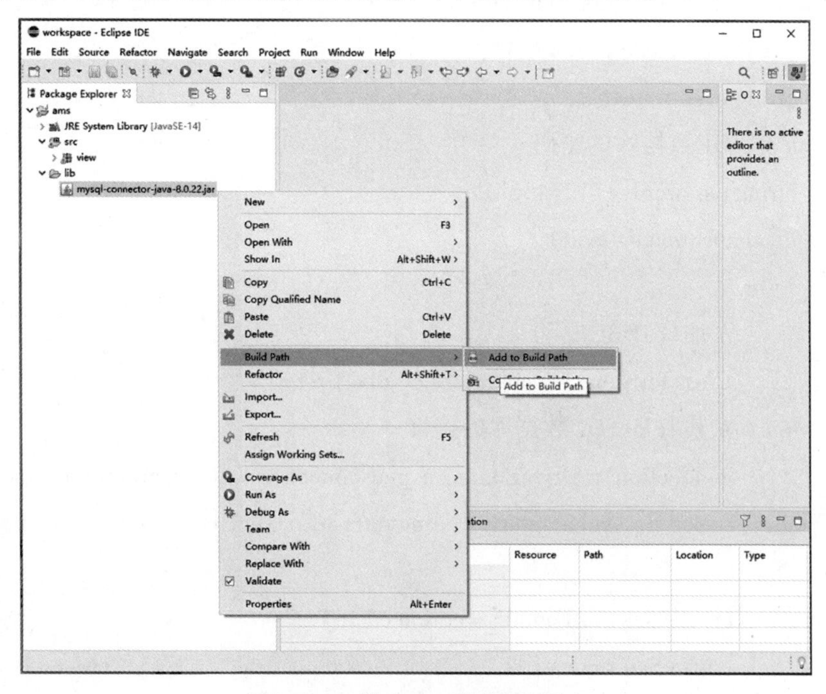

图3.24　加载JDBC类库到项目中

（2）数据库连接代码

在项目src包下新建一个包，包名为dao。在本项目中和数据库相关的类，都放到这个包下。在dao包下创建一个新类，类名为DatabaseConnection，在这个类里面实现Java程序与MySQL数据库相连接的功能。

类中包含一个私有的静态字段，代表着数据库的连接对象；两个公有的静态方法，一个完成获取数据库的连接对象的功能，另一个完成关闭数据库连接的功能。DatabaseConnection类的完整代码如下。

```
package dao;
import java.sql.Connection;
import java.sql.DriverManager;
import java.sql.SQLException;
public class DatabaseConnection {
    private static Connection connection;
    /**
     * 获取MySQL数据库的连接
     *
     * @return MySQL数据库的连接对象
     */
    public static Connection getConnection() {
        // MySQL数据库的用户名
        String user = "root";
        // MySQL数据库的密码
        String password = "123456";
        if (connection == null)
            try {
                // 加载JDBC驱动
                Class.forName("com.mysql.cj.jdbc.Driver");
                // 获取MySQL数据库的连接
                connection = DriverManager.getConnection("jdbc:mysql://localhost:3306/
ams?useUnicode=true" + "&characterEncoding=utf-8&serverTimezone=GMT%2B8", user,
password);
            } catch (ClassNotFoundException e) {
                e.printStackTrace();
```

```
            } catch (SQLException e) {
                e.printStackTrace();
            }
        return connection;
    }
    /**
     * 关闭数据库的连接,释放资源
     */
    public static void closeConnection() {
        if (connection != null) {
            try {
                connection.close();
                connection = null;
            } catch (SQLException e) {
                e.printStackTrace();
            }
        }
    }
}
```

在上述代码中以下这段代码理解起来比较困难，且容易出错。

```
connection = DriverManager.getConnection ("jdbc:mysql://localhost:3306/ams?useUnicode=true" + "&characterEncoding=utf-8&serverTimezone=GMT%2B8", user, password);
```

在实际应用中，需要将代码中“localhost:3306/ams”“user”“password”等字符串根据自己的数据库的实际内容进行替换，其他代码可以不需要进行修改。

（3）User表的访问代码

一般来说，数据库中的表都是由多个字段构成的，因此对于数据库中的数据进行访问时，通常的做法是在项目中根据数据表的字段结构先创建一个模型类，在程序中对于表中记录数据的存取一般都会通过对应的模型类对象来进行。因此，首先创建一个User类模型来描述数据库中的User表。

① User类。在src目录下新建一个model包。在model包内新建一个User类。在类中根据User表的结构，创建两个私有的字符串字段username和password。为类添加一个对所有的字段赋值构造方法。由于所有的字段都是私有的，我们再添加对字段进行

读写操作的get、set方法。User类的完整代码如下。

```
package model;
public class User {
    private String username, password;
    public User(String username, String password) {
        super();
        this.username = username;
        this.password = password;
    }
    public String getUserName() {
        return username;
    }
    public void setUserName (String username) {
        this.username = username;
    }
    public String getPassword() {
        return password;
    }
    public void setPassword (String password) {
        this.password = password;
    }
}
```

② UserAccess类。在dao包下创建一个新类UserAccess，用于实现对数据库中User表的访问操作。对于数据表的操作一般主要有增、删、改、查四种操作，因此在UserAccess类中添加增、删、改、查四个公有的静态方法。对于数据库进行增、删、改、查的Java代码在网络上有很多，在学习本部分内容时，不要把注意力过多地放在代码的语句本身，而是应该更多地理解代码的含义。只要从网络上下载源代码并能修改出来即可。

• 公有静态方法insert。insert方法需要传递两个参数，一个是数据库的连接，另一个是要添加的用户信息。这个方法有一个整型的返回值，代表的是插入的记录数，具体代码如下。

```
/**
 * 添加新用户
```

```
     *
     * @param conn 数据库的连接
     * @param user 待添加的用户信息
     * @return 插入的记录数
     */
    public static int insert (Connection conn, User user) {
        // 定义一个数据库的说明对象，将其初值设定为空
        Statement statement = null;
        // 定义一个整型变量result，代表着当前函数的返回值。它的初值设为-1
        int result = -1;
        try {
            // 数据库的连接调用创建说明对象的方法来给说明对象statement赋初值
            statement = conn.createStatement();
            // 定义字符串对象SQL。并将其初值赋为插入用户表的SQL语句
            String sql;
            sql = "INSERT INTO user (username, password) VALUES ('"
            + user.getUserName() + "', '" + user.getPassword() + "')";
            // statement调用方法executeUpdate来执行这条SQL语句。并将执行这条
SQL语句影响的记录数返回给result整型变量
            result = statement.executeUpdate (sql);
        } catch (SQLException e) {
            e.printStackTrace();
        } finally {
            try {
                if (statement != null)
                    statement.close();
            } catch (SQLException e) {
                e.printStackTrace();
            }
        }
        // 将受插入操作影响的记录数返回调用的函数
        return result;
    }
```

• 公有静态方法delete。delete操作的方法和insert操作方法基本一致。只是把insert方法中的Statement对象使用PreparedStatement来替代。PreparedStatement对象可以执行带参数的SQL语句，所以在SQL语句设定上可以用问号来代表参数，通过语句“statement.setString（1，user.getUserName( )）;”给参数赋值。具体代码如下。

```
/**
    * 根据用户编号删除用户
    *
    * @param conn 数据库的连接
    * @param user 待删除的用户信息
    * @return 删除的记录数
    */
   public static int delete (Connection conn, User user) {
      PreparedStatement statement = null;
      int result = 0;
      try {
         String sql = "delete from user where UserName = ?";
         statement = conn.prepareStatement (sql);
         statement.setString (1, user.gctUserName( ));
         //返回值代表受到影响的行数
         result = statement.executeUpdate( );

      } catch (Exception e) {
         e.printStackTrace( );
      } finally {
         try {
            if (statement != null)
               statement.close( );
         } catch (SQLException e) {
            e.printStackTrace( );
         }
      }
      return result;
   }
```

• 公有静态方法update。update操作的方法和delete操作方法基本一致，只是操作中的SQL语句需做修改。update语句中有两个参数，在下面的PreparedStatement对象分别给这两个参数赋值，具体代码如下。

```
/**
 * 根据用户编号修改密码
 *
 * @param conn 数据库的连接
 * @param user 待修改添加的用户信息
 * @return 更新的记录数
 */
public static int update(Connection conn, User user) {
    PreparedStatement statement = null;
    int result = 0;
    try {
        String sql = "update user set password = ? where username = ?";
        statement = conn.prepareStatement(sql);
        statement.setString (1, user.getPassword());
        statement.setString (2, user.getUserName());
        // 返回值代表受到影响的行数
        result = statement.executeUpdate();

    } catch (Exception e) {
        e.printStackTrace();
    } finally {
        try {
            if (statement != null)
                statement.close();
        } catch (SQLException e) {
            e.printStackTrace();
        }

    }
    return result;
}
```

• 公有静态方法getPassword。对于数据表的查询，一般返回的数据分成两种，一种是返回数据表中所有的数据，而另一种是根据条件来返回数据表中特定的数据。对于用户信息来说，在操作上一般是根据用户名来返回密码信息，所以此方法需要传递两个参数，一个是数据库的连接，另一个是要查找的用户名信息。这个方法有一个字符串类型的返回值，代表的是查找到的用户密码。代码的前半部和insert方法的基本含义一致，在定义要执行的Select语句以后，Statement执行时调用的是executeQuery方法。这个方法返回一个结果集，代表着查询的结果。接下来需要判定查询返回的结果集是否有数据，如果有数据，取出该记录集当前记录的password字段的值，将其赋给字符串变量password并返回，具体代码如下。

```
/**
   * 根据用户名在数据库中获取密码
   *
   * @param conn 数据库的连接
   * @param UserName 指定的用户名
   * @return 指定用户名的密码
   */
  public static String getPassword (Connection conn, String UserName) {
    // 定义声明对象
    Statement statement = null;
    String password = null;
    ResultSet rs = null;
    // 通过数据库的连接创建声明对象实例
    try {
      statement = conn.createStatement();
      // 定义SQL语句字符串变量
      String sql;
      // 给sql赋予查询的SQL命令
      sql = "SELECT * FROM user WHERE username='" + UserName + "'";
      // 执行SQL语句,返回结果给结果集对象
      rs = statement.executeQuery(sql);
      // 判定结果集是否有数据
      if (rs.next()) {
        password = rs.getString ("password");
      }
```

```
        } catch (SQLException e) {
            e.printStackTrace();
        } finally {
            try {
                if (rs != null)
                    rs.close();
                if (statement != null)
                    statement.close();
            } catch (SQLException e) {
                e.printStackTrace();
            }
        }
        return password;
    }
```

以上是对于用户表增、删、改、查操作的代码实现，下一节将修改登录界面，使其从数据库里取用户数据来判定登录是否成功。

3.1.4　登录界面修改

前文已经在MySQL中创建了User表，并在项目中通过JDBC连接MySQL数据库，用代码实现了对User表的基本操作。本节来修改登录界面，使其从数据库里取用户数据来判定登录是否成功。

在view包中打开上次课创建的登录类JFrameLogin，此时界面的布局可以不用修改，只需要修改确定按钮的活动侦听事件即可。

在上次编写的确定按钮侦听事件的代码中，我们只进行了简单的用户名与密码的判定，没有考虑更多的误操作情况，验证不成功的提示信息不是很准确，用户的体验不好。在这里面一并改进，具体代码如下。

```
jButtonOK.addActionListener (new ActionListener() {
    public void actionPerformed (ActionEvent e) {
        //获取用户名
        String username = jTextFieldUserName.getText();
        //用户名如果为空则提示信息、使用户名文本域获得焦点并退出
        if (username.equals(" ")) {
            JOptionPane.showMessageDialog(null, "用户名不能为空，请重新输入",
```

```
"错误信息", JOptionPane.ERROR_MESSAGE);
            jTextFieldUserName.requestFocus();
            return;
        }
        // 获取密码
        String inputPassword = new String (jPasswordFieldpassword.getPassword());
        // 关闭数据库的连接
        DatabaseConntion.closeConnection();
        // 密码如果为空则提示信息、使用密码框获得焦点并退出
        if (inputPassword.equals("")) {
            JOptionPane.showMessageDialog(null, "密码不能为空，请重新输入", "错
误信息", JOptionPane.ERROR_MESSAGE);
            jPasswordFieldpassword.requestFocus();
            return;
        }
        // 获取数据库的连接
        Connection connection = DatabaseConntion.getConnection();
        // 从数据库中根据指定用户名获取密码
        String password = UserAccess.getPassword (connection, username);
        // 判定用户名、密码是否正确
        if (password == null || (!password.equals (inputPassword))) {
            // 不正确显示提示信息后退出
            JOptionPane.showMessageDialog (null, "用户名或密码错误，请重新输入",
"错误信息", JOptionPane.ERROR_MESSAGE);
            jTextFieldUserName.requestFocus();
            jTextFieldUserName.selectAll();
            return;
        }
        JOptionPane.showMessageDialog (null, "登录成功", "提示信息", JOptionPane.
INFORMATION_MESSAGE);
        dispose();
    }
});
```

至此程序修改完毕，读者可以自行测试一下程序的运行结果是否正确。

3.2　主界面

本次项目是采用C/S模式进行开发信息系统，这样系统常用的模式是MDI（multiple document interface）框架。在MDI框架中一般首先出现登录界面，登录成功后，进入MDI的主界面，然后系统主界面上通过菜单或工具条来调用子界面。本项目也采用这种模式来进行设计。

现在已经完成了登录界面的设计，接下来完成系统的主界面设计。

3.2.1　界面设计

① 参照登录界面的创建方法在view包内创建主界面，将其取名为JFrameMain。

② 点击设计标签页（Design），进入框架布局的设计界面。选择当前的框架，在属性窗口中将其title修改为“学生成绩管理系统”。

③ 为了美观，可以给主界面加上一个图标。在src包下，创建一个icon的包。从网上下载一个图标放在icon包中，然后将框架的Iconimage属性修改为刚才下载的图标，效果如图3.25所示。

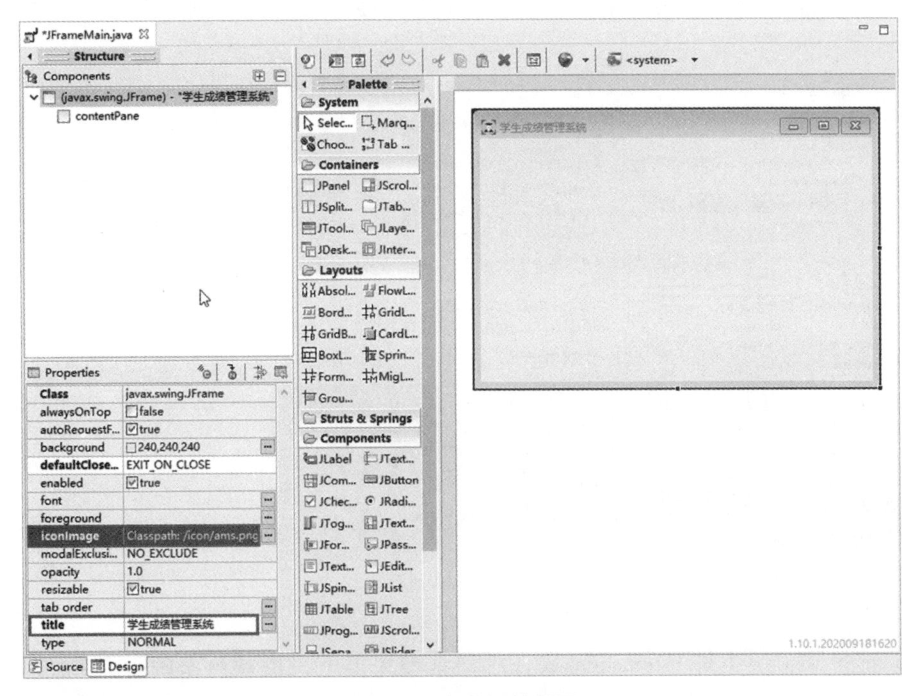

图3.25　主界面效果图

④ 主界面完成后，需要通过菜单或工具栏来调用子功能界面。下面我们就学习一

下菜单的创建过程。在组件调色板中，选择菜单栏组件JMenuBar放到主框架上，如图3.26所示。

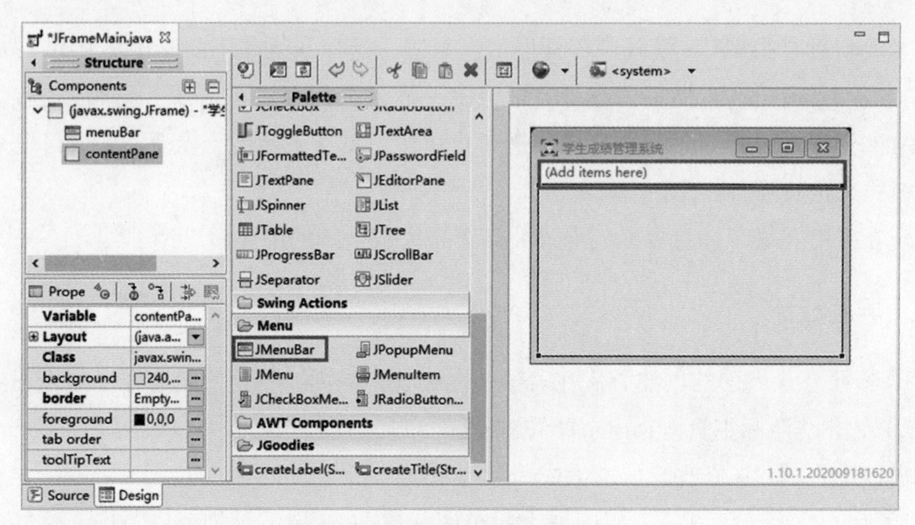

图3.26　添加菜单栏到主界面上

⑤ 然后选择菜单组件JMenu放到菜单栏组件中。将此菜单的对象名修改为“JMenuUserManagment”，text属性修改为“用户管理”，如图3.27所示。

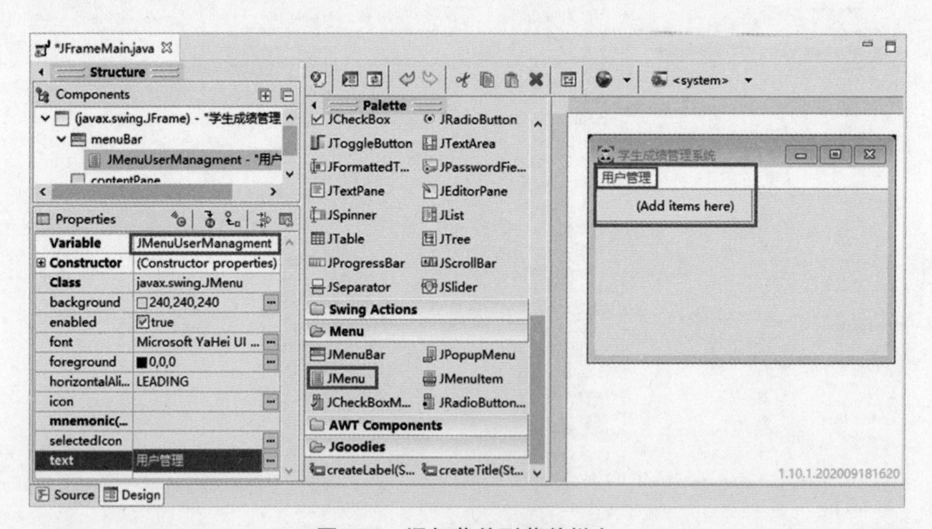

图3.27　添加菜单到菜单栏上

⑥ 选择菜单项组件JMenuItem放在用户管理菜单下，将其对象名修改为“JMenuItemChangePassword”，text属性修改为“更改密码”。继续选择菜单项组件“JMenuItem”放在更改密码菜单项下，将其对象名修改为“JMenuItemAddUser”，text属性修改为“添加用户”，如图3.28所示。

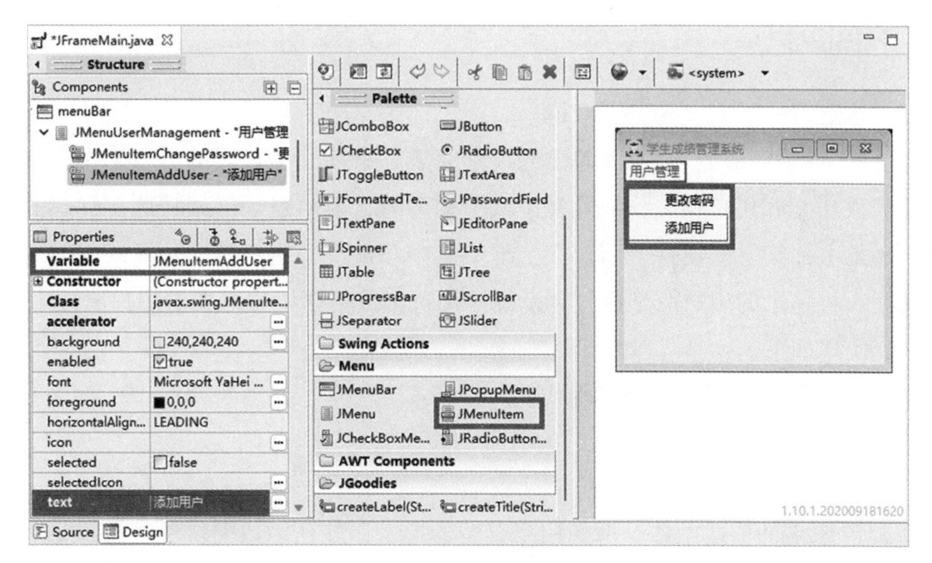

图3.28 添加菜单项到菜单上

⑦ 为了直观区分菜单中不同的功能分组，可以选择分割器组件JSeparator来分隔不同的菜单项，在这放置一个JSeparator在添加用户菜单项下，最后添加一个菜单项组件JMenuItem放在分割器组件下，将其对象名修改为“JMenuItemExit”，text属性修改为“退出”，如图3.29所示。

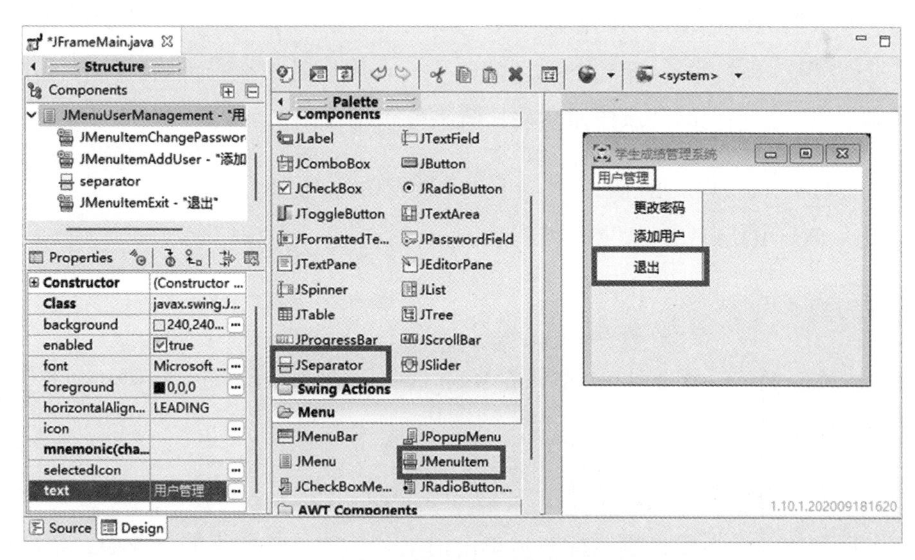

图3.29 添加分隔符和退出菜单项到菜单上

3.2.2 代码设计

（1）构造函数

系统的主框架和用户管理菜单已经设计完成，下面开始代码的编写工作。本阶段的主要完成功能和用户相关，因此在进入主框架时，要从登录框架将此次登录的用户信息传递给主框架。在设计上需要在主框架类中添加一个用户属性，登录框架用户校验成功后，将登录的用户信息通过主框架的构造函数传递给主框架的用户属性中。

代码实现如下。

① 在主框架类中添加用户属性代码。

```
private User user;
```

② 修改原来的构造函数，增加用户类型的形参，并在函数中将形参的值赋给用户属性。

```
public JFrameMain (User user) {
    this.user=user;
    ……
}
```

（2）登录框架确定按钮代码修改

主框架完成以后，登录按钮的活动侦听事件在用户名和密码正确以后要调用主框架使其显示出来。原先的登录按钮活动侦听事件中倒数第二句代码如下：

```
JOptionPane.showMessageDialog (null, "登录成功", "提示信息",
JOptionPane.INFORMATION_MESSAGE);
```

修改为如下代码：

```
JFrameMain jFrameMain = new JFrameMain (new User (username, password));
jFrameMain.setVisible (true);
```

（3）主框架退出菜单代码设计

在主框架的设计界面，用鼠标右键单击退出菜单项，在弹出的菜单中，依次选择Add event handler→action→actionPerformed，进入退出菜单项的活动侦听事件，在方法中写上系统退出的代码，如图3.30所示。

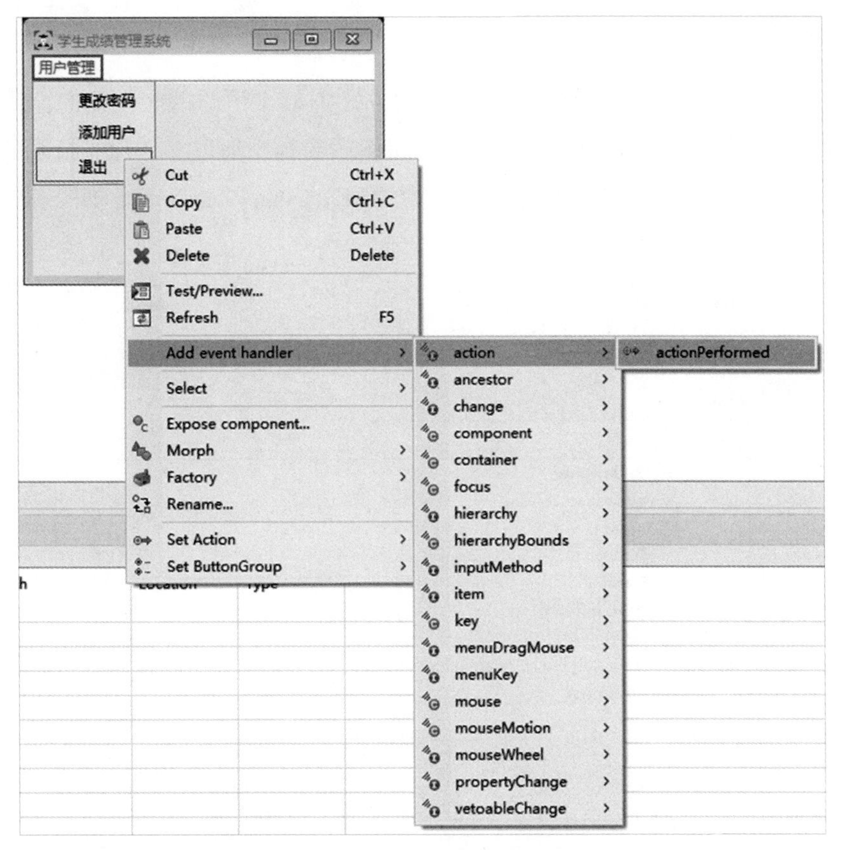

图3.30　添加退出菜单项活动侦听事件

退出按钮的完整代码如下。

```
JMenuItemExit.addActionListener (newActionListener() {
    public void actionPerformed (ActionEvent e) {
        System.exit(0);
    }
});
```

接下来测试一下主界面，直接运行主界面，可以看到我们设计的界面和菜单，点击退出菜单项后结束程序的运行。

3.3　更改密码

更改密码的主要功能是更改当前登录用户的密码信息，并将其存储到数据库中。下面来看一下它的实现过程。

3.3.1 界面设计

① 创建更改密码窗体与前文创建窗体的方式类似，但与前文创建的窗体不同的是，由于更改密码窗体是在主窗体内部的，是个子窗体，所以在创建时指明它的类型为“JInternalFrame”，如图3.31所示。名称为“JIF_changePassword”，如图3.32所示。

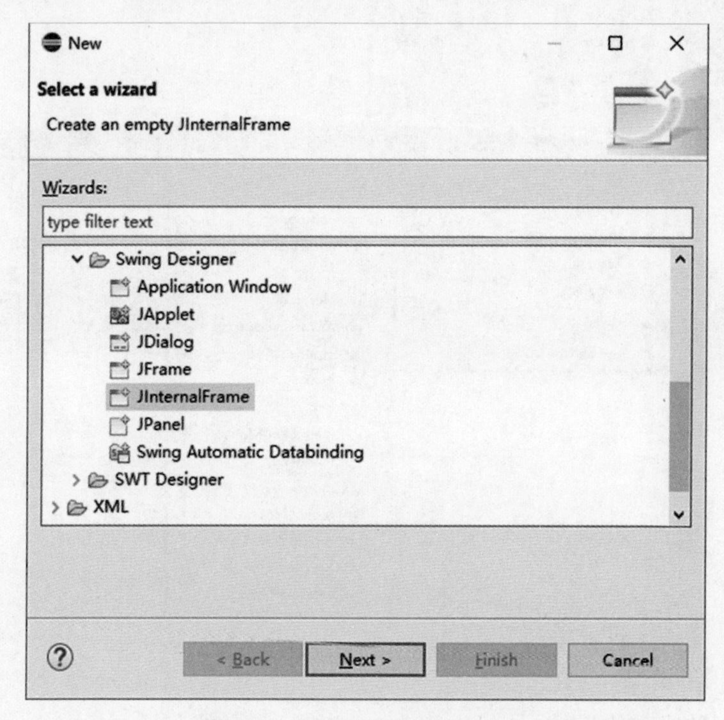

图3.31 更改密码窗体创建（1）

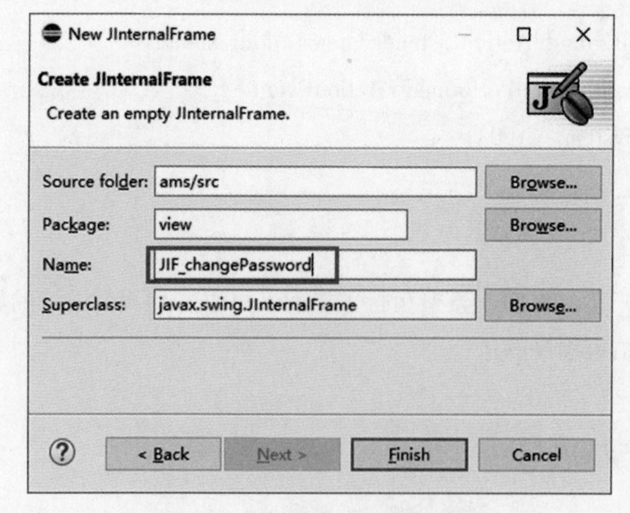

图3.32 更改密码窗体创建（2）

② 创建完成后，先从代码界面转换到设计界面。点击标题栏，修改子框架的title属性为“更改密码”。在属性窗体分别选择关闭（closable）、最小化（iconifiable）属

性，设置它们的显示属性为真，如图3.33所示。

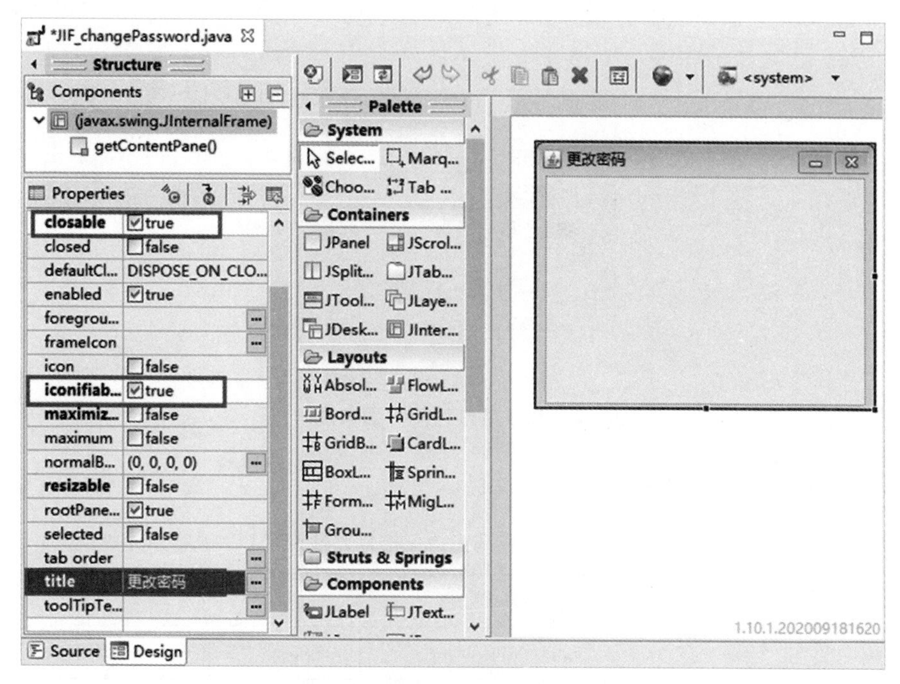

图3.33　更改密码窗体属性设置

③选中框架面板，将其布局属性设置为绝对布局（absolute）。绝对布局就是硬性指定组件在容器中的位置和大小，可以使用绝对坐标的方式来指定组件的位置。这种布局适用于将控件直接放到固定位置，不随框架的大小变化而自动改变的情况，如图3.34所示。

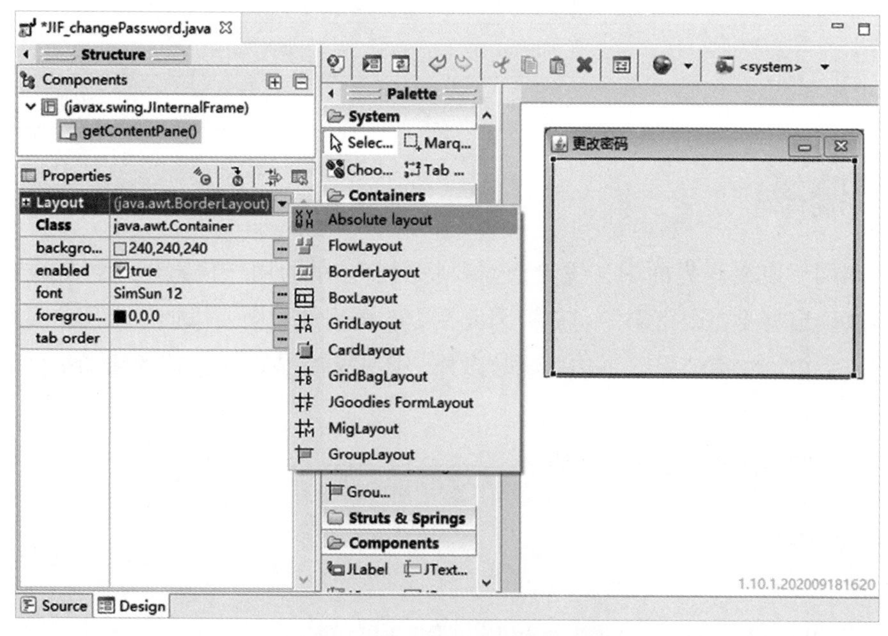

图3.34　更改密码窗体布局设置

④ 更改密码界面由3个标签框、3个密码框及2个按钮控件构成，布局如图3.35所示。

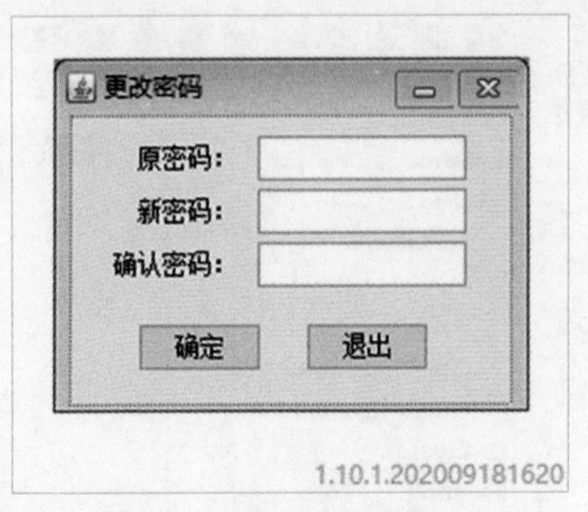

图3.35 更改密码界面布局

⑤ 各控件的属性修改情况如表3.2所列。

表3.2 更改密码窗体各控件属性设置

控件类型	控件名	属性	值
标签（JLable）	jLabelOldPassword	text	原密码：
	jLabelNewPassword	text	新密码：
	jLabelConfirmPassword	text	确认密码：
密码框（JPasswordField）	jPasswordFieldOld	columns	20
	jPasswordFieldNew	columns	20
	jPasswordFieldConfirm	columns	20
按钮（JButton）	jButtonOK	text	确定
	jButtonExit	text	退出

3.3.2 功能代码

在调用更改密码界面中，主界面需要将当前登录的用户信息传递到更改密码界面，用以确定需要更改密码的用户。因此在更改密码的类中要添加一个用户属性，并在构造函数中给它赋值。除了构造函数以外，还需要完成两个按钮的活动事件的代码编写。

（1）类的属性及构造函数代码

```
private User user;

public JInternalFrameChangePassword (User user) {
```

```
        this.user=user;
        ……
    }
```

（2）确定按钮“Action”事件代码

```
    jButtonOK.addActionListener (new ActionListener() {
        public void actionPerformed (ActionEvent e) {
            // 获取原密码
            String oldPassword = new String (jPasswordFieldOld.getPassword());
            // 判定原密码是否为空
            if (oldPassword.equals ("")){
                JOptionPane.showMessageDialog (null, "请输入原密码！", "错误信息",
JOptionPane.ERROR_MESSAGE);
                jPasswordFieldOld.requestFocus();
                return;
            }
            // 获取新密码
            String newPassword = new String (jPasswordFieldNew.getPassword());
            // 判定新密码是否为空
            if (newPassword.equals("")){
                JOptionPane.showMessageDialog (null, "请输入新密码！", "错误信息",
JOptionPane.ERROR_MESSAGE);
                jPasswordFieldNew.requestFocus();
                return;
            }
            // 获取确认密码
            String confirmPassword = new String (jPasswordFieldConfirm.getPassword());
            // 判定确认密码是否为空
            if (confirmPassword.equals("")){
                JOptionPane.showMessageDialog (null, "请输入确认密码！", "错误信息",
JOptionPane.ERROR_MESSAGE);
                jPasswordFieldConfirm.requestFocus();
                return;
            }
```

```
        //判定新密码与确认密码是否相等
        if (!confirmPassword.equals (newPassword)){
            JOptionPane.showMessageDialog (null, "新密码与确认密码不符," + "请重
新输入！", "错误信息", JOptionPane.ERROR_MESSAGE);
            jPasswordFieldNew.requestFocus();
            jPasswordFieldNew.selectAll();
            return;
        }
        //获取数据库的连接
        Connection conn = DatabaseConntion.getConnection();
        //根据用户名从数据库获取密码
        String password = UserAccess.getPassword (conn, user.getUserName());
        //判定原密码是否正确
        if (!oldPassword.equals (password)){
            JOptionPane.showMessageDialog (null, "原密码错误，请重新输入！", "错
误信息", JOptionPane.ERROR_MESSAGE);
            jPasswordFieldOld.requestFocus();
            jPasswordFieldOld.selectAll();
            return;
        }
        user.setPassword (newPassword);
        int r = UserAccess.update (conn, user);
        if(r > 0)
            //修改成功
            JOptionPane.showMessageDialog (null, "修改成功！", "提示信息",
JOptionPane.INFORMATION_MESSAGE);
        else
            //修改失败
            JOptionPane.showMessageDialog (null, "修改失败，请联系系统管理员！",
"错误信息", JOptionPane.ERROR_MESSAGE);
        DatabaseConntion.closeConnection();
    }
});
```

（3）退出按钮“Action”事件代码

```
jButtonExit.addActionListener (new ActionListener() {
    public void actionPerformed (ActionEvent e) {
        dispose();
    }
});
```

（4）主界面调用更改密码界面

如果想让子框架在主框架中显示出来，需要在主框架上添加一个桌面面板(JDesktopPane)，子框架需要添加到主框架的桌面面板上才能显示出来。打开主框架(JFrameMain)，转换到设计界面，在其内容面板上添加一个桌面面板控件，效果如图3.36所示。

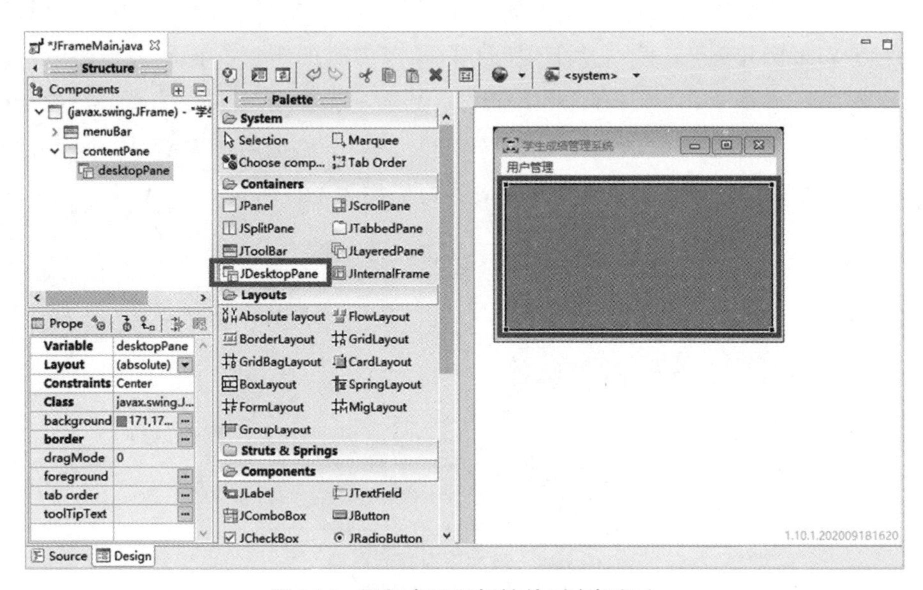

图3.36　添加桌面面板控件到主框架上

参照主框架“退出”菜单项的活动事件代码添加步骤添加“更改密码”菜单项的活动事件代码，具体代码如下。

```
JMenuItemChangePassword.addActionListener (new ActionListener() {
    public void actionPerformed (ActionEvent e) {
        JInternalFrameChangePassword jInternalFrameChangePassword =
                        new JInternalFrameChangePassword (user);
        jInternalFrameChangePassword.setVisible (true);
        desktopPane.add (jInternalFrameChangePassword);
```

```
    }
});
```

以上就是更改密码功能实现的全部过程，下面请读者自行运行程序，测试代码正确性。

3.4　添加用户窗体

在信息系统中的用户除了初始设定的用户外，还可以由用户添加新的用户。本节将介绍添加用户功能的实现过程。

3.4.1　界面设计

① 参照更改密码的界面设计添加一个“JInternalFrame”类型的窗体，名称为“JInternalFrameAddUser”。修改子框架的title属性为添加用户。在属性窗体分别选择关闭（closable）、最小化（iconifiable）属性，设置它们的显示属性为真。修改子框架内容面板，将其布局属性设置为绝对布局（absolute）。添加用户界面由3个标签框、1个文本框、2个密码框及2个按钮控件构成，布局如图3.37所示。

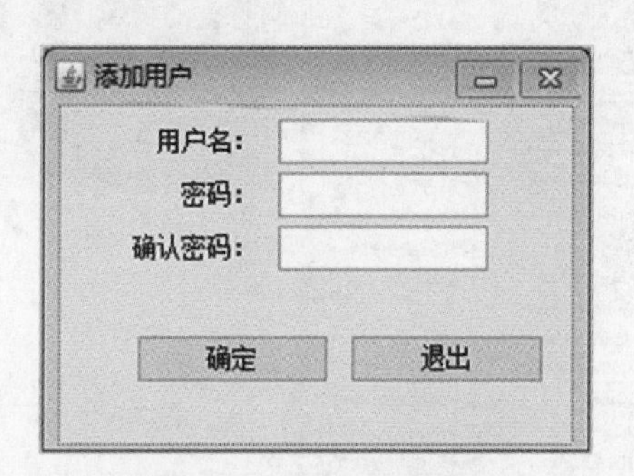

图3.37　添加用户界面布局

② 各控件的属性修改情况如表3.3所列。

表3.3　添加用户窗体各控件属性设置

控件类型	控件名	属性	值
标签（JLable）	jLabelUserName	text	用户名：
	jLabelPassword	text	密码：
	jLabelConfirmPassword	text	确认密码：
文本框（JTextField）	jTextFieldUserName	text	
		columns	20

表3.3（续）

控件类型	控件名	属性	值
密码框（JPasswordField）	jPasswordFieldNew	text	
		columns	20
	jPasswordFieldConfirm	text	
		columns	20
按钮（JButton）	jButtonOK	text	确定
	jButtonExit	text	退出

3.4.2　功能代码

在添加用户管理中，代码主要集中在两个按钮控件的“Action”事件中。

（1）确定按钮“Action”事件代码

```
jButtonOK.addActionListener (new ActionListener() {
    public void actionPerformed (ActionEvent e) {
        // 获取用户名
        String UserName = jTextFieldUserName.getText();
        // 判定用户名是否为空
        if (UserName.equals ("")) {
            JOptionPane.showMessageDialog (null, "请输入用户名！", "错误信息",
JOptionPane.ERROR_MESSAGE);
            jTextFieldUserName.requestFocus();
            return;
        }
        // 获取密码
        String newPassword = new String (jPasswordFieldNew.getPassword());
        // 判定密码是否为空
        if (newPassword.equals ("")) {
            JOptionPane.showMessageDialog (null, "请输入密码！", "错误信息",
JOptionPane.ERROR_MESSAGE);
            jPasswordFieldNew.requestFocus();
            return;
        }
```

```
        //获取确认密码
        String confirmPassword = new String(jPasswordFieldConfirm.getPassword());
        //判定确认密码是否为空
        if(confirmPassword.equals("")){
            JOptionPane.showMessageDialog(null, "请输入确认密码！", "错误信息",
JOptionPane.ERROR_MESSAGE);
            jPasswordFieldConfirm.requestFocus();
            return;
        }
        //判定密码与确认密码是否相等
        if(!confirmPassword.equals(newPassword)){
            JOptionPane.showMessageDialog(null, "密码与确认密码不符，" + "请重新
输入！", "错误信息", JOptionPane.ERROR_MESSAGE);
            jPasswordFieldNew.requestFocus();
            jPasswordFieldNew.selectAll();
            return;
        }
        //获取数据库的连接
        Connection conn = DatabaseConntion.getConnection();
        //根据用户名从数据库获取密码
        String password = UserAccess.getPassword(conn, UserName);
        //判定用户名是否已经存在
        if(password!=null){
            JOptionPane.showMessageDialog(null, "该用户已存在，请重新输入！",
"错误信息", JOptionPane.ERROR_MESSAGE);
            jTextFieldUserName.requestFocus();
            jTextFieldUserName.selectAll();
            return;
        }
        User user = new User(UserName, newPassword);
        int r = UserAccess.insert(conn, user);
        if(r > 0)
            //修改成功
            JOptionPane.showMessageDialog(null, "添加成功！", "提示信息",
```

```
JOptionPane.INFORMATION_MESSAGE);
            else
               // 修改失败
               JOptionPane.showMessageDialog (null, "添加失败，请联系系统管理员！",
"错误信息", JOptionPane.ERROR_MESSAGE);
            DatabaseConntion.closeConnection();
      }
   });
```

（2）退出按钮“Action”事件代码

```
jButtonExit.addActionListener (new ActionListener() {
   public void actionPerformed (ActionEvent e) {
      dispose();
   }
});
```

（3）主界面调用更改添加用户界面

添加用户菜单项活动事件调用添加用户功能界面的代码如下。

```
JMenuItemAddUser.addActionListener (new ActionListener() {
   public void actionPerformed (ActionEvent e) {
      JInternalFrameAddUser jInternalFrameAddUser = new JInternalFrameAddUser();
      jInternalFrameAddUser.setVisible (true);
      desktopPane.add (jInternalFrameAddUser );
   }
});
```

添加用户功能实现以后，请读者自行运行程序，测试功能的正确性。

第4章　基础信息管理

上一章学习了用户的管理，在本章要完成本项目最基础数据的维护工作。基础信息是用户与系统之间沟通的信息平台，用户可以在这里添加、编辑和删除学院信息、专业信息、班级信息及学生信息。

首先在主界面中完成基础信息管理的菜单设计，设计的过程请参照3.2.1节主界面的界面设计中用户管理菜单及其下面的菜单项的操作步骤，基础信息管理菜单由1个菜单和4个菜单项构成，布局如图4.1所示。

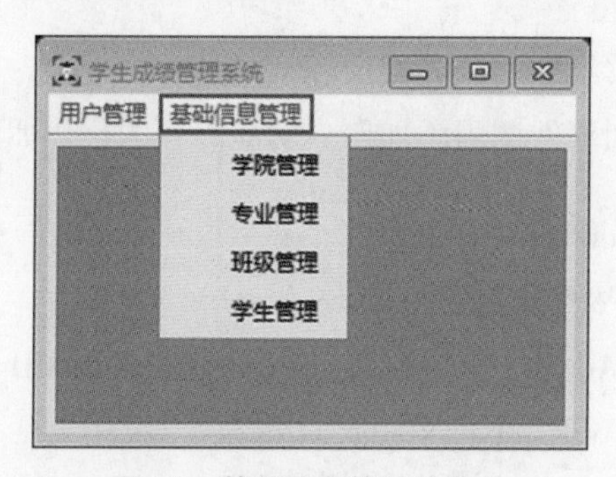

图4.1　基础信息管理的菜单

各控件的属性修改情况如表4.1所列。

表4.1　基础信息管理菜单各控件属性设置

控件类型	控件名	属性	值
菜单（JMenu）	jMenuInformationManagement	text	基础信息管理
菜单项（JMenuItem）	jMenuItemCollegeManagement	text	学院管理
	jMenuItemMajorManagement	text	专业管理
	jMenuItemClassManagement	text	班级管理
	jMenuItemStudentManagement	text	学生管理

下面详细介绍各功能界面的具体实现过程。

4.1 学院管理

根据学校对学生管理的行政划分，学生是划分在不同二级学院下的各专业中的。根据这一划分，系统要对学院的基础信息进行管理。学院信息管理功能用于对学院的信息进行添加、修改、删除操作。

4.1.1 表与视图的创建

学院表用来存放学院相关信息。在实现学院管理功能之前，先创建用于存放学院信息的学院表。

参照用户表的创建方法，来创建学院表。

① 打开MySQL Workbench并登录本地MySQL数据库。

② 鼠标右键单击table→create table...菜单项开始创建数据表。

③ 在表名文本框中输入当前的表名“college”，在注释文本框内输入当前表的注释信息“学院表”。

④ 学院表由学院编号与学院名称两个字段构成，具体结构如表4.2所列。

表4.2 学院表结构

字段名	数据类型	长度	小数位	主键	非空	自增	备注
college_id	INT			是	是	是	学院编号
college_name	VARCHAR	30			是		学院名称

学院表的创建结果如图4.2所示。

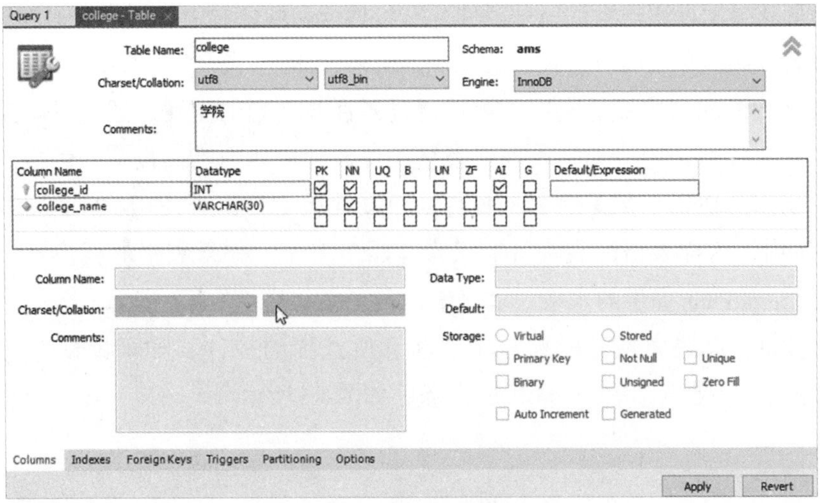

图4.2 学院表创建明细

⑤ 填写完成后，点击“Apply”按钮，然后根据提示依次点击对应按钮完成学院表的创建。

4.1.2 界面设计

在项目的view包内添加一个“JInternalFrame”类型的窗体，名称为“JInternalFrameCollegeManagement”。修改界面的title属性为学院管理。在属性窗体分别选择关闭（closable）、最小化（iconifiable）属性，设置它们的显示属性为真。修改子框架内容面板，将其布局属性设置为绝对布局（absolute）。

学院管理界面由1个标签框、1个文本框、1个滚动面板控件（JScrollPane）、1个放置在滚动面板上的表格控件（JTable）及4个按钮控件构成，布局如图4.3所示。

图4.3 学院管理界面布局

在这个界面布局中使用了一个新的控件——表格控件（JTable）。JTable是将数据以表格的形式显示给用户看的一种组件，它包括行和列，其中每列代表一种属性，如学号、姓名、成绩等。而每行代表的是一个实体，如一个学生。在JTable中，默认情况下列会平均分配父容器的宽度，可以通过属性改变列的宽度，还可以交换列的排列顺序。在实际使用中，如果单独将表格控件放到框架内容面板中，表格的表头将不会显示出来。所以一般是将表格控件与滚动面板控件配合使用，将JTable放置在JScrollPane内，这样表格的表头就能正常显示出来了。如果表格的行、列过多，也可以使用JScrollPane提供的水平、垂直滚动条来滚动显示数据。

在给JTable设置属性的时候一定要注意所选择的控件，如果鼠标左键直接在JTable中单击，一般会选中JScrollPane对象，如图4.4所示。

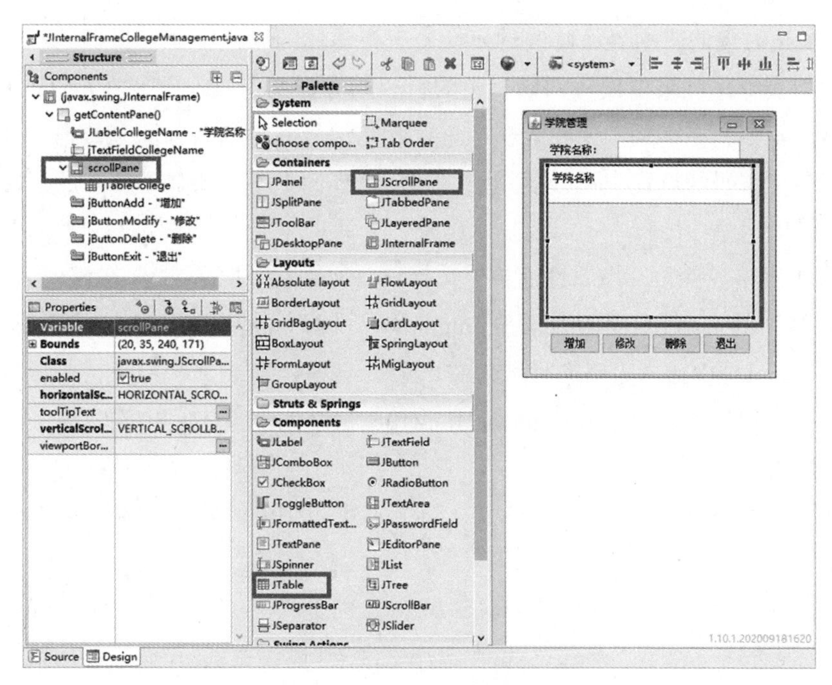

图4.4　JScrollPane对象选择

如果想选择JTable对象，最有效的方式是在左上角的组件面板（Components）中选中要选择的组件名称，在本例中组件的名称是“jTableCollege”，也可以在表格界面中直接选择表格的空白行。选中表格控件后就可以在左下角的属性面板（Properties）中修改对应的属性，如图4.5所示。

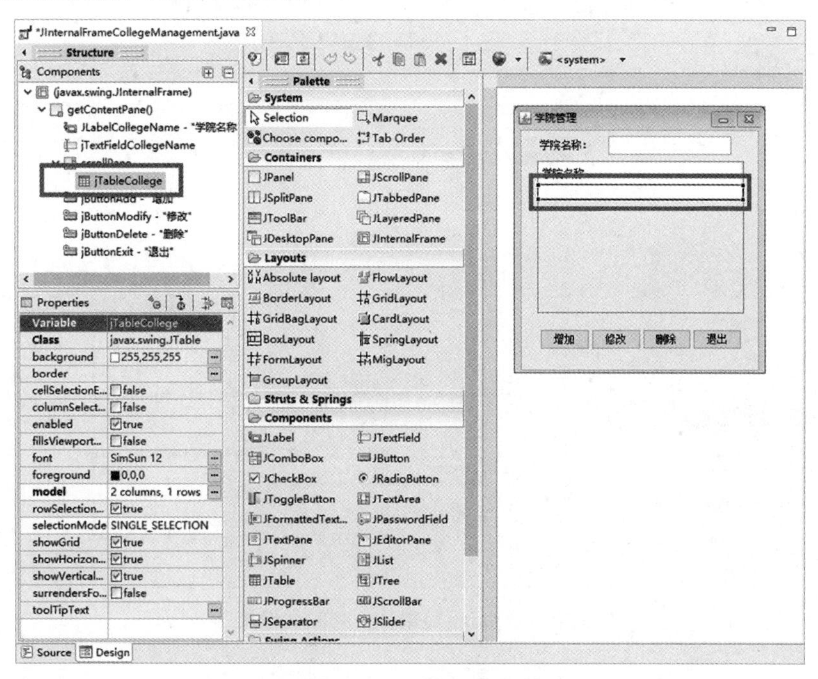

图4.5　JTable对象选择

在JTable对象的属性界面修改的属性是表格整体的属性，如背景颜色、字体、是否显示表格线等，如果要设置初始显示的行、列等详细信息，需要在model属性中进一步设置。例如，在本例中要在表格中包含学院编号和学院名称两列数据，其中学院编号数据是在编码的过程中将会使用到，在前台界面上不需要显示出来的，所以在表格中只是包含但是在运行中不需要显示出来。下面来完成这个操作。

① 选中表格控件，并在属性面板中选择model属性右边的“...”按钮。

② 在弹出的model界面的右上角Columns项下Count框中输入表格的列数为“2”，Rows项下Count框中输入表格的行数为“1”。

选中第一列，在界面下方Columns properties项下Title文本框中输入第一列的名称“学院编号”。

选中第二列，在界面下方Columns properties项下Title文本框中输入第二列的名称“学院名称”。

每一列Title对话框右侧有三个对话框，分别是“Pref.width”“Min.width”“Max.width”，代表着这一列的“首选宽度”“最小宽度”“最大宽度”，如果想让某一列在界面上不显示出来，可以将这一列的所有宽度都设为“0”。在本例中将学院编号各宽度都设为“0”，将学院名称各宽度分别设置为“150”“100”“300”，如图4.6所示。

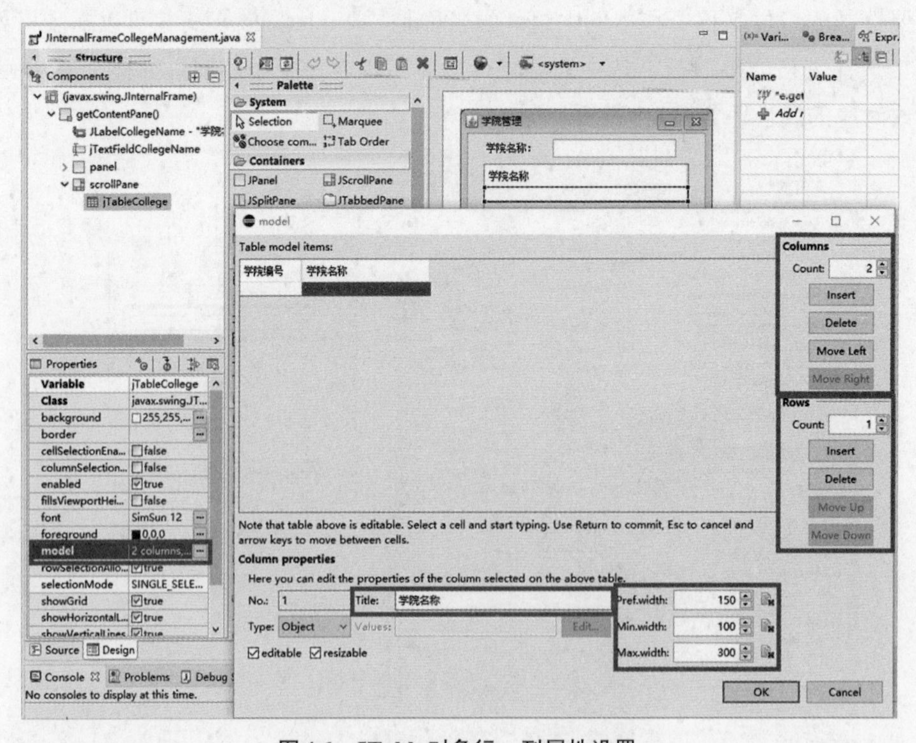

图4.6　**JTable对象行、列属性设置**

其他控件的属性修改情况如表4.3所列。

表4.3　学院管理界面各控件属性设置

控件类型	控件名	属性	值
标签（JLable）	jLabelCollegeName	text	学院名称:
文本框（JTextField）	jTextFieldCollegeName	text	
		columns	30
表格（JTable）	jTableCollege		
按钮（JButton）	jButtonAdd	text	增加
	jButtonModify	text	修改
	jButtonDelete	text	删除
	jButtonExit	text	退出

4.1.3　功能代码

学院管理功能的代码主要包括界面运行时将数据库的学院数据在学院表格中显示出来的代码及四个按钮控件的“Action”事件代码。为了辅助以上功能的实现，使得代码更模块化、功能更单一，我们还设计了一些辅助的类。

（1）学院模型类（College类）

在项目源代码包内的model包内新建一个College类。在类中根据College表的结构，创建一个整型私有字段id和一个字符串型私有字段name。为类添加一个对所有的字段赋值构造方法，和一个对name字段赋值构造方法。由于所有的字段都是私有的，再添加对字段进行读写操作的get、set方法。最后还覆盖了Object类的toString()方法，便于在直接使用学院类对象时能正确显示数据，代码如下。

```
package model;

public class College {
    private int id;
    private String name;
    public College (int id, String name) {
        super();
        this.id = id;
        this.name = name;
    }
    public College (String name) {
```

```
        super();
        this.name = name;
    }
    public int getId() {
        return id;
    }
    public void setId(int id) {
        this.id = id;
    }
    public String getName() {
        return name;
    }
    public void setName(String name) {
        this.name = name;
    }
    @Override
    public String toString() {
        return name;
    }
}
```

（2）学院数据访问类（CollegeAccess类）

① DBUtils类。

在dao包下创建一个新类，用于实现对数据库中College表的访问操作。参照UserAccess类的结构，CollegeAccess类也设计增、删、改、查四个静态方法。结合UserAccess类的编写经验，并进行进一步的分析，发现在UserAccess类中增、删、改三个方法代码的设计思路除了SQL语句略有不同以外，其他的代码基本一致。因此将这三个方法重新进行分析，提取它们的共同代码，编写新的函数。所以在dao包下新建一个类，类名叫DBUtils。在类中设置一个静态方法，方法名叫executeUpdate，这个方法需要传递要执行的SQL语句。执行完毕后，将SQL语句影响的数据库记录数返回给调用函数，代码如下。

```
package dao;

import java.sql.Connection;
```

```
import java.sql.SQLException;
import java.sql.Statement;

public class DBUtils {
    /**
     * 执行数据库的更新操作
     * @param conn 数据库的连接
     * @param sql 待执行的SQL语句（insert、update、delete）
     * @return 返回影响数据库的记录数，如果没有执行成功返回-1
     */
    public static int executeUpdate (String sql) {
        Connection conn = DatabaseConntion.getConnection();
        Statement stmt = null;
        int re = -1;
        try {
            stmt = conn.createStatement();
            re = stmt.executeUpdate (sql);
        } catch (SQLException e) {
            e.printStackTrace();
        } finally {
            try {
                if (stmt != null)
                    stmt.close();
            } catch (SQLException e) {
                e.printStackTrace();
            }
        }
        DatabaseConntion.closeConnection();
        return re;
    }
}
```

通过executeUpdate代码的实现可以看出，这就是将UserAccess类中对数据表增、删、改操作的代码修改而来的，将原本在代码内赋值的SQL语句放到了参数中。

② CollegeAccess类。

将增、删、改操作的相同代码提取成单独的方法以后，下面继续实现CollegeAccess类的增、删、改方法。重新设计后，这些方法实现比较简单，在函数中主要完成SQL语句字符串的生成，然后调用DBUtils类的executeUpdate方法执行SQL语句并返回执行的结果。查询代码可以参照UserAccess类的查询代码来进行设计，将其中的User表信息改为College表，代码如下。

```
package dao;

import java.sql.Connection;
import java.sql.ResultSet;
import java.sql.SQLException;
import java.sql.Statement;
import java.util.ArrayList;
import model.College;

public class CollegeAccess {
    public static int insert (College college){
        String sql = "INSERT INTO college (college_name) VALUES
('"+college.getName()+"')";
        return DBUtils.executeUpdate (sql);
    }

    public static int update (College college){
        String sql = "UPDATE college SET college_name = '"
            +college.getName()
            +"' WHERE (college_id = "+college.getId()+")";
        return DBUtils.executeUpdate (sql);
    }

    public static int delete (int id){
        String sql = "DELETE FROM college WHERE (college_id = "+id+")";
        return DBUtils.executeUpdate (sql);
    }
```

```
/**
 * 返回数据库中所有的学院信息
 * @param conn数据库的连接
 * @return学院类型的数组列表
 */
public static ArrayList<College>getCollege() {
    Connection conn = DatabaseConntion.getConnection();
    //定义声明对象
    Statement stmt = null;
    ResultSet rs = null;
    //通过数据库的连接创建声明对象实例
    ArrayList<College>colleges = null;
    try {
        stmt = conn.createStatement();
        //定义SQL语句字符串变量
        String sql;
        //给sql赋予查询的sql命令
        sql = "SELECT * FROM college";
        //执行SQL语句,返回结果给结果集对象
        rs = stmt.executeQuery (sql);
        colleges = new ArrayList<College>();
        //判定结果集是否有数据
        while (rs.next()) {
            int id = rs.getInt ("college_id");
            String name = rs.getString ("college_name");
            College college = new College (id, name);
            colleges.add (college);
        }
    } catch (SQLException e) {
        e.printStackTrace();
    }finally {
        try {
            if(rs != null)
```

```
                rs.close();
            if (stmt != null)
                stmt.close();
        } catch (SQLException e) {
            e.printStackTrace();
        }
    }
    DatabaseConntion.closeConnection();
    return colleges;
  }
}
```

（3）表格数据填充代码

程序启动后，在显示学院管理界面时，我们希望在表格中把当前数据库存储的所有学院的信息显示出来。为了实现以上功能，在学院管理代码界面，创建一个私有的、无返回值、无参数的方法fillTable，代码如下。

```
private void fillTable() {
    //定义DefaultTableModel类对象并赋值为jTableCollege的模型
    DefaultTableModel defaultTableModel = (DefaultTableModel)
jTableCollege.getModel();
    //设置表格当前行数为0
    defaultTableModel.setRowCount(0);
    //调用函数从数据库中获取学院信息，并将数据存储在数组列表中
    ArrayList<College>collegeList = CollegeAccess.getCollege();
    //遍历学院数组列表
    for (College college:collegeList) {
        //定义向量对象
        Vector<String>vector = new Vector<String>();
        //将学院编号添加到向量中
        vector.add (college.getId()+"");
        //将学院名称添加到向量中
        vector.add (college.getName());
        //将向量作为一行数据添加到表中
        defaultTableModel.addRow (vector);
```

```
    }
}
```

在学院管理类的构造方法最后一行加上对上面的函数进行调用的语句就可以完成表格的填充功能，代码如下。

```
public JInternalFrameCollegeManagement() {
        ……
        // 填充学院表
        fillTable();
}
```

（4）增加按钮代码

增加按钮是要将文本域里面填写的学院名称增加到数据库中。数据添加到数据库之前，为了保证数据的有效性，要先判定以下几种错误情况并进行处理。

① 学院名称为空；

② 学院名称长度超出限制；

③ 学院名称在数据库中已经存在，因为现在数据库中所有的学院信息都在学院表格中存在，因此查询时只需要在成绩表格中查询是否重复即可。

以上几种情况分别进行判定和处理后，就可将正确的数据增加到数据库中。并返回数据库操作的结果，代码如下。

```
jButtonAdd.addActionListener (new ActionListener() {
    public void actionPerformed (ActionEvent e) {
        // 获取学院名称信息
        String name = jTextFieldCollegeName.getText();
        // 学院名称不能为空
        if (name.equals("")) {
            // 若不正确，显示提示信息后退出
            JOptionPane.showMessageDialog (null, "请输入学院名称！", "错误信息",
JOptionPane.ERROR_MESSAGE);
            jTextFieldCollegeName.requestFocus();
            return;
        }
        // 学院名称长度超出范围
        if (name.length() > 30) {
```

```
        //若不正确，显示提示信息后退出
        JOptionPane.showMessageDialog (null, "请输入的学院名称的位数小于等于30！", "错误信息", JOptionPane.ERROR_MESSAGE);
        jTextFieldCollegeName.requestFocus();
        jTextFieldCollegeName.selectAll();
        return;
    }
    //获取当前表格中的行数
    int rowcount = jTableCollege.getRowCount();
    //遍历表格中的数据
    for (int i = 0; i<rowcount; i++) {
        //获取学院名称信息
        String collegeName = (String) jTableCollege.getValueAt(i, 1);
        //学院名称重复
        if (name.equals (collegeName)) {
            //若不正确，显示提示信息后退出
            JOptionPane.showMessageDialog (null, "学院名称重复，请重新输入！", "错误信息", JOptionPane.ERROR_MESSAGE);
            jTextFieldCollegeName.requestFocus();
            jTextFieldCollegeName.selectAll();
            return;
        }
    }
    //生成新学院对象
    College college = new College (name);
    //将学院信息插入数据库
    int r = CollegeAccess.insert (college);
    if (r > 0) {
        JOptionPane.showMessageDialog (null, "数据添加成功！", "提示信息", JOptionPane.INFORMATION_MESSAGE);
        fillTable();
    } else {
        JOptionPane.showMessageDialog (null, "数据添加失败，请联系系统管理员！", "错误信息", JOptionPane.ERROR_MESSAGE);
```

```
        }
    }
});
```

（5）学院信息修改

学院信息修改的功能设计流程如下。

① 先在表格中选择要修改的学院，将学院的名称复制到上面的文本域中；

② 在文本域中修改学院名称；

③ 点击修改按钮，判定学院名称是否为空；

④ 判定学校名称长度是否超限；

⑤ 判定修改后的学院名称在数据库中是否存在同名的关系（排除要修改的学院本身）；

⑥ 将修改的结果保存到数据库中。

根据修改流程，首先要编写表格选择的数据行发生变化的侦听事件，代码如下。

```
jTableCollege.getSelectionModel().addListSelectionListener(new
ListSelectionListener() {
    @Override
    public void valueChanged(ListSelectionEvent e) {
        // 确定选中的行
        int row = jTableCollege.getSelectedRow();
        if (row != -1) {
            // 获取学院编号和学院名称信息
            String collegeName = (String) jTableCollege.getValueAt(row, 1);
// 将学院名称添加到学院名称文本域中
            jTextFieldCollegeName.setText(collegeName);
        }else {
            jTextFieldCollegeName.setText("");
        }
    }
});
```

将这段代码放到表格其他属性设置代码之后，即可完成在表格中选择不同的行时将选择的学院名称在学院名称文本域中显示出来。

接着来完成修改按钮的设计，代码如下。

```
jButtonModify.addActionListener(new ActionListener() {
    public void actionPerformed(ActionEvent e) {
        //获取学院名称信息
        String name = jTextFieldCollegeName.getText();
        //学院名称不能为空
        if (name.equals("")) {
            //若不正确，显示提示信息后退出
            JOptionPane.showMessageDialog(null, "请输入学院名称！", "错误信息",
JOptionPane.ERROR_MESSAGE);
            jTextFieldCollegeName.requestFocus();
            return;
        }
        //学院名称长度超出范围
        if (name.length() > 30) {
            //若不正确，显示提示信息后退出
            JOptionPane.showMessageDialog(null, "请输入的学院名称的位数小于等
于30！", "错误信息", JOptionPane.ERROR_MESSAGE);
            jTextFieldCollegeName.requestFocus();
            jTextFieldCollegeName.selectAll();
            return;
        }
        //获取当前表格中的行数
        int rowcount = jTableCollege.getRowCount();
        //获取表格中当前选中的行
        int selectedRow = jTableCollege.getSelectedRow();
        //判定表格中是否选定了行
        if (selectedRow == -1) {
            JOptionPane.showMessageDialog(null, "请选择要修改的记录！", "错误信
息", JOptionPane.ERROR_MESSAGE);
            return;
        }
        //遍历表格中的数据
        for (int i = 0; i<rowcount; i++) {
            //获取表格中当前学院名称信息
```

```
            String depName = (String) jTableCollege.getValueAt(i, 1);
            //学院名称重复
            if (name.equals (depName) &&i != selectedRow) {
                //若不正确，显示提示信息后退出
                JOptionPane.showMessageDialog (null, "学院名称重复,请重新输入！",
"错误信息", JOptionPane.ERROR_MESSAGE);
                jTextFieldCollegeName.requestFocus();
                jTextFieldCollegeName.selectAll();
                return;
            }
        }
        //获取当前选中行的学院编号
        int id = Integer.parseInt (jTableCollege.getValueAt (selectedRow, 0). toString());
        //生成修改后的学院信息
        College College = new College (id,name);
        //将学院信息更新到数据库
        int r = CollegeAccess.update (College);
        if (r > 0) {
            JOptionPane.showMessageDialog (null, "数据修改成功！", "提示信息",
JOptionPane.INFORMATION_MESSAGE);
            fillTable();
        } else {
            JOptionPane.showMessageDialog (null, "数据修改失败，请联系系统管理
员！", "错误信息", JOptionPane.ERROR_MESSAGE);
        }
    }
});
```

(6) 学院信息删除按钮的代码实现

删除按钮的代码实现流程如下。

① 获取表格中当前选中的行；

② 如果表格中没有选中行，则给出提示信息；

③ 给出提示信息，确认是否进行删除；

④ 如果继续删除，则获取当前的学院编号；

⑤ 根据学院编号，到数据库中删除该学院信息；

⑥ 根据删除操作返回的结果显示提示信息。

实现的代码如下：

```
jButtonDelete.addActionListener (new ActionListener() {
    public void actionPerformed (ActionEvent e) {
        // 获取当前选中的行
        int selectedRow = jTableCollege.getSelectedRow();
        // 判定表格中是否选定了行
        if (selectedRow == -1) {
            JOptionPane.showMessageDialog (null, "请选择要删除的记录！", "错误信
息", JOptionPane.ERROR_MESSAGE);
            return;
        }
        // 二次确认
        int r = JOptionPane.showConfirmDialog (null, "确认要删除当前记录么？", "确
认信息", JOptionPane.YES_NO_OPTION);
        if(r == 0){
            // 获取要删除的学院编号
            int id = Integer.parseInt (jTableCollege. getValueAt (selectedRow,0).
toString());
            // 删除的学院信息
            int re = CollegeAccess.delete (id);
            if (re > 0) {
                JOptionPane.showMessageDialog (null, "数据删除成功！", "提示信息",
JOptionPane.INFORMATION_MESSAGE);
                fillTable();
            } else {
                JOptionPane.showMessageDialog (null, "数据删除失败，请联系系统管
理员！", "错误信息", JOptionPane.ERROR_MESSAGE);
            }
        }
    }
});
```

（7）退出按钮的代码

退出按钮代码比较简单，关闭当前框架即可。代码如下。

```
jButtonExit.addActionListener (new ActionListener() {
    public void actionPerformed (ActionEvent e) {
        dispose();
    }
});
```

（8）主界面调用学院管理界面

在主界面中，为学院管理菜单项添加活动侦听事件，用于调用学院管理功能界面，代码如下。

```
jMenuItemCollegeManagement.addActionListener (new ActionListener() {
    public void actionPerformed (ActionEvent e) {
        JInternalFrameCollegeManagement
                InternalFrameCollegeManagement = new
JInternalFrameCollegeManagement();
        jInternalFrameCollegeManagement.setVisible (true);
        desktopPane.add (jInternalFrameCollegeManagement);
    }
});
```

以上已经完成了学院管理的功能，请读者自行运行程序，测试功能的正确性。

4.2 专业管理

在系统中专业信息与学院信息为主从关系，也就是说在一个学院下有多个专业，而一个专业只能从属于一个学院，下面开始专业管理功能的实现。

4.2.1 表与视图的创建

专业表用来存放各学院相关专业的信息。在实现专业管理功能之前，先来完成专业表及其相关视图的创建。

（1）专业表

① 打开MySQL Workbench并登录本地MySQL数据库。

② 鼠标右键单击table→create table...菜单项开始创建数据表。

③ 在表名文本框中输入当前的表名“major”，在注释文本框内输入当前表的注释信息“专业”。

④ 专业表由专业编号、学院编号、专业名称和学制四个字段构成，具体结构如表4.4所列。

表4.4 专业表结构

字段名	数据类型	长度	小数位	主键	非空	自增	备注
major_id	INT			是	是	是	专业编号
college_id	INT				是		学院编号
major_name	VARCHAR	30			是		专业名称
length_of_schooling	INT				是		学制

专业表的创建结果如图4.7所示。

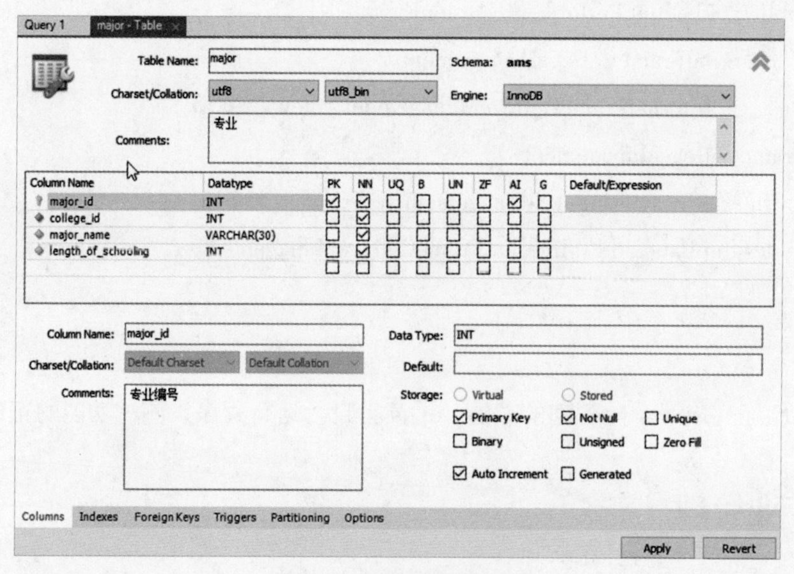

图4.7 专业表创建明细

⑤ 填写完成后，点击“Apply”按钮，然后根据提示依次点击对应按钮完成专业表的创建。

（2）学院表与专业表之间的主外键关联

一个学院下面有多个专业，因此专业表与学院表之间的关系是一对多的关系，通过学院编号进行关联。下面来创建一下专业表与学院表的外键关联。

在专业表的设计界面，点击Foreign Keys标签页，创建专业表与学院表的主外键关联，创建外键名fk_college_major，参考表选择college，参考列选择college_id，点击“Apply”按钮。弹出创建上述操作所使用的SQL命令。确认后继续点击“Apply”按钮开始创建外键，如图4.8所示。

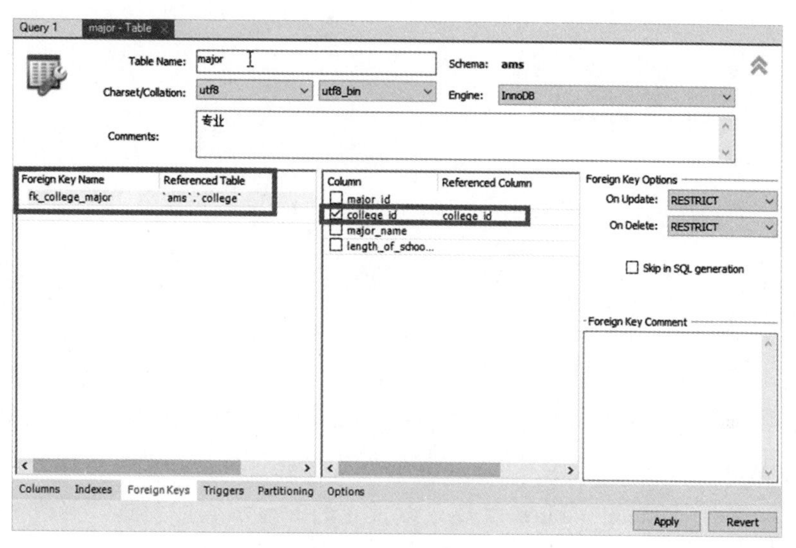

图4.8　专业表外键创建

（3）专业视图创建

学院表与专业表是通过学院编号进行关联的主子表。为了方便展示两个表中的数据，我们创建了学院视图将两个表连接起来。创建的过程如下。

① 鼠标右键单击视图，在弹出的菜单中选择Create View...菜单项，如图4.9所示。

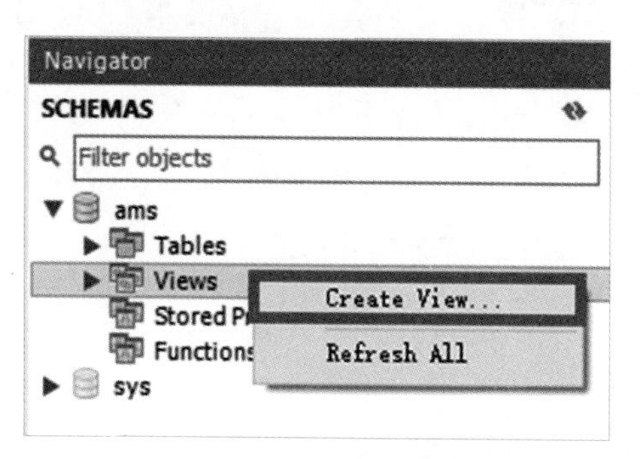

图4.9　创建视图

② 在视图的创建语句中写入如下的SQL语句。

```
CREATE VIEW `ams`.`view_major` AS
  SELECT
    `ams`.`major`.`college_id` AS `college_id`,
    `ams`.`major`.`major_id` AS `major_id`,
    `ams`.`college`.`college_name` AS `college_name`,
    `ams`.`major`.`major_name` AS `major_name`,
```

```
`ams`.`major`.`length_of_schooling` AS `length_of_schooling`
FROM
    (`ams`.`major`
    JOIN `ams`.`college`)
WHERE
    (`ams`.`college`.`college_id` = `ams`.`major`.`college_id`)
```

③ 然后点击“Apply”按钮，完成视图的创建。

4.2.2 界面设计

① 在项目的view包内添加一个“JInternalFrame”类型的窗体。名称为“JInternalFrameMajorManagement”。修改界面的title属性为专业管理。在属性窗体分别选择关闭（closable）、最小化（iconifiable）属性，设置它们的显示属性为真。修改子框架内容面板，将其布局属性设置为绝对布局（absolute）。

专业管理界面由3个标签框、1个下拉列表框、1个文本框、1个格式化文本框、1个滚动面板控件（JScrollPane）、1个放置在滚动面板上的表格控件（JTable）及4个按钮控件构成，布局如图4.10所示。

图4.10　学院管理界面布局

在这个界面布局中使用了两个新的控件——下拉列表控件（JComboBox）和格式化文本框控件（JFormattedTextField）。

• 下拉列表控件（JComboBox）的特点是将多个选项折叠在一起，只显示最前面的或被选中的一个。选择时需要单击下拉列表右边的下三角按钮，这时会弹出包含所有选项的列表。用户可以在列表中进行选择，也可以根据需要直接输入所要的选项，还可以输入选项中没有的内容。在本界面中将下拉列表组件放置到学院名称标签框后，用于限制学院名称显示的内容须是数据库中存在的学院信息，确保在录入专业数据时，专业数据中外键对应的学院信息在数据库中已经存在。

在下拉列表控件中最主要的操作是为下拉列表添加数据，一般来说添加数据的方式有两种：

• 选中下拉列表控件，在属性面板中点击model属性最右边“...”按钮，在弹出的model对话框中可以通过指定枚举类型的方式或直接添加列表数据的方式给下拉列表设置初值。这种方式一般在下拉列表的值为固定数据时使用。如图4.11所示。

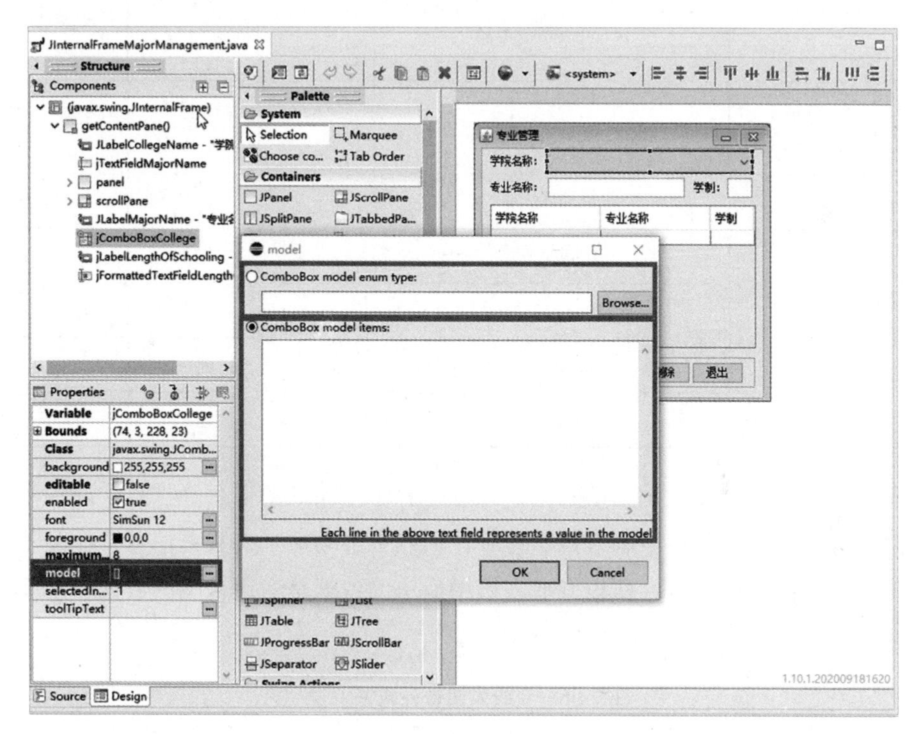

图4.11　修改下拉列表控件model属性

在程序中通过代码的方式添加，这种方式一般应用于下拉列表中的数据动态生成的情况，需要通过代码书写来完成，本例中将要使用这个方法。具体操作在下一小节进行介绍。

其实第一种方式在本质上也是用代码来书写的，只不过用这种方式填充的数据，系统会自动生成代码，减轻了编程人员的代码工作量。

• 格式化文本框控件（JFormattedTextField），这个文本框在创建控件的构造方法中可以指定格式器类型，然后这个文本框只接受该类型的数据。在本例中由于学制数据要求输入限制为1位的整数类型，因此使用格式化文本框控件来限制输入。

② 其他控件的属性修改情况如表4.5所列。

表4.5 专业管理界面各控件属性设置

控件类型	控件名	属性	值	备注
标签（JLable）	jLabelCollegeName	text	学院名称：	
	jLabelMajorName	text	专业名称：	
	jLabelLengthOfSchooling	text	学制：	
文本框（JTextField）	jTextFieldMajorName	text		专业名称文本框
		columns	30	
下拉列表（JComboBox）	jComboBoxCollege			学院名称下拉列表
格式化文本框（JFormattedTextField）	jFormattedTextFieldLengthOfSchooling			学制格式化文本域
表格（JTable）	jTableMajor			专业表格
按钮（JButton）	jButtonAdd	text	增加	
	jButtonModify	text	修改	
	jButtonDelete	text	删除	
	jButtonExit	text	退出	

专业表格中显示专业相关的数据。在专业表中存储的数据有一项是学院编号，但是学院编号的作用是专业表的外键。为了让用户更清晰地了解数据信息，在显示的时候应该显示学院名称信息，所以专业表格中显示的数据是专业视图的数据。专业表格由4列构成。列的相关属性如表4.6所列。

表4.6 专业表格各列属性设置

Title	Pref.width	Min.width	Max.width	editable
专业编号	0	0	0	未选中
学院名称	100	50	200	未选中
专业名称	100	50	200	未选中
学制	40	20	80	未选中

4.2.3 功能代码

框架布局设计完成以后，我们开始来进行编码工作。下面详细看一下各部分的代码构成。

（1）专业模型类（Major类）

在项目源代码包内的model包内新建一个Major类。在数据库中，学院表和专业表是通过学院编号进行主外键关联的。为了更清晰地显示两个表中的数据，我们创建了专业视图，在专业模型类中根据专业视图的结构来进行创建。在类中创建三个整型私有字段collegeId、majorId和lengthOfSchooling，两个字符串型私有字段collegeName、MajorName。为类添加一个对所有的字段赋值构造方法，以及一个对collegeId、MajorName、lengthOfSchooling字段赋值构造方法。由于所有的字段都是私有的，再添加对字段进行读写操作的get、set方法。最后还覆盖了Object类的toString()方法，便于在直接使用专业类对象时能正确显示数据，代码如下。

```
package model;
public class Major {
    private int collegeId, majorId, lengthOfSchooling;
    private String collegeName, MajorName;
    public Major (int collegeId, String MajorName, int lengthOfSchooling){
        super();
        this.collegeId = collegeId;
        this.MajorName = MajorName;
        this.lengthOfSchooling=lengthOfSchooling;
    }
    public Major (int collegeId, int majorId, String collegeName, String MajorName,
int lengthOfSchooling) {
        super();
        this.collegeId = collegeId;
        this.majorId = majorId;
        this.collegeName = collegeName;
        this.MajorName = MajorName;
        this.lengthOfSchooling=lengthOfSchooling;
    }
    public int getCollegeId() {
        return collegeId;
    }
    public void setCollegeId (int collegeId) {
        this.collegeId = collegeId;
```

```
    }
    public int getMajorId() {
        return majorId;
    }
    public void setMajorId (int majorId) {
        this.majorId = majorId;
    }
    public String getCollegeName() {
        return collegeName;
    }
    public void setCollegeName (String collegeName) {
        this.collegeName = collegeName;
    }
    public String getMajorName() {
        return majorName;
    }
    public void setMajorName (String majorName) {
        this.majorName = majorName;
    }
    public int getLengthOfSchooling() {
        return lengthOfSchooling;
    }
    public void setLengthOfSchooling (int lengthOfSchooling) {
        this.lengthOfSchooling = lengthOfSchooling;
    }
    @Override
    public String toString() {
        return majorName;
    }
}
```

(2) 专业数据访问类（MajorAccess类）

在dao包下创建一个新类，用于实现对数据库中Major表的访问操作。参照CollegeAccess类的结构，MajorAccess类也设计增、删、改、查等静态方法。

在增、删、改方法中，参照CollegeAccess类对应的方法，只需将对学院表操作的SQL语句修改为对专业表进行操作即可。

对于专业的查询，经常用到的一个查询条件是根据学院来查询专业信息，除此之外，可能还需要根据特定的条件语句进行查询，而条件语句的条件及其组合很多，不能全部列举出来，所以在设计查询方法时设计了两个查询方法，一个是根据学院查询，另一个是根据特定的条件查询。结合学院信息的查询方法的代码来分析专业查询的代码，可以发现这两个方法的代码只是查询的SQL语句有区别，其他大量的代码都是一样的。借鉴学院信息增删改方法代码的整合经验，将专业查询的两个方法的共同代码提取出来生成新的方法Query。专业查询的两个方法中，只要根据不同的参数生成查询的SQL语句，然后调用新方法进行查询即可。由于不同表的结构是不一致的，所以查询方法不能做成所有表通用的方法，因此整合的查询方法在专业访问类中创建即可。具体的代码如下。

```
package dao;
import java.sql.Connection;
import java.sql.ResultSet;
import java.sql.SQLException;
import java.sql.Statement;
import java.util.ArrayList;
import model.College;
import model.Major;

public class MajorAccess {
    public static int insert (Major major){
        String sql="INSERT INTO major (college_id, major_name,"
        + "length_of_schooling)"+"VALUES ("+major.getCollegeId()+",'"
        +major.getMajorName()+"', "+major.getLengthOfSchooling()+")";
        return DBUtils.executeUpdate (sql);
    }
    public static int update (Major major){
        String sql = "UPDATE major SET major_name ='"+major.getMajorName()
                +"', length_of_schooling = "+major.getLengthOfSchooling()
                +" WHERE (major_id = "+major.getMajorId()+")";
        return DBUtils.executeUpdate (sql);
    }
```

```
public static int delete (int id){
    String sql = "DELETE FROM major WHERE (major_id = "+id+")";
    return DBUtils.executeUpdate (sql);
}
/**
 * 返回数据库中所有的专业信息
 * @param college 查询对应的学院
 * @return 专业类型的数组列表
 */
public static ArrayList<Major> getMajor (College college) {
    // 定义字符串变量并给其赋初值为从专业视图查询数据的SQL语句
    String sql;
    sql = "SELECT * FROM view_major";
    // 判定传递的学院类型对象不为空
    if (college != null)
        // 生成查询的条件语句,并与SQL字符串连接
        sql += " WHERE college_id = " + college.getId();
    // 将变量sql传递到Query方法中,查询出满足条件的专业数据并返回
    return Query (sql);
}
/**
 * 根据查询条件获取专业信息
 * @param condition 查询条件
 * @return 专业类型的数组列表
 */
public static ArrayList<Major> getMajorByCondition (String condition){
    // 定义字符串变量 sql
    String sql;
    // 判定传递的查询条件字符串为空
    if (condition==null)
        // 返回空
        return null;
    // 根据查询条件，生成查询专业视图的Select语句，给SQL字符串赋值
    sql = "SELECT * FROM view_major WHERE "+condition;
```

```
            //将变量sql传递到Query方法中，查询出满足条件的专业数据并返回
            return Query (sql);
        }
        private static ArrayList<Major>Query(String sql) {
            //定义声明对象,并获取数据库的连接
            Connection conn = DatabaseConntion.getConnection();
            //定义数据库声明对象和结果集对象
            Statement stmt = null;
            ResultSet rs = null;
            //定义专业类型的数组列表对象
            ArrayList<Major> majors = null;
            try {
                //声明对象初始化
                stmt = conn.createStatement();
                //执行SQL语句,返回结果给结果集对象
                rs = stmt.executeQuery(sql);
                //专业类型的数组列表初始化
                majors = new ArrayList<Major>();
                //遍历结果集
                while (rs.next()) {
                    //取出当前记录的专业信息
                    int collegeId = rs.getInt ("college_id");
                    int majorId = rs.getInt ("major_id");
                    String collegeName = rs.getString ("college_name");
                    String MajorName = rs.getString ("major_name");
                    int lengthOfSchooling = rs.getInt ("length_of_schooling");
                    //生成新的专业对象
                    Major major = new Major (collegeId, majorId, collegeName, majorName,
lengthOfSchooling);
                    //将专业对象添加到专业数组列表中
                    majors.add (major);
                }
            } catch (SQLException e) {
                e.printStackTrace();
```

```
        }finally {
            try {
                //判定结果集和声明对象状态，如果没关闭则关闭
                if (rs != null)
                    rs.close();
                if (stmt != null)
                    stmt.close();
            } catch (SQLException e) {

                e.printStackTrace();
            }
        }
        //关闭数据库的连接
        DatabaseConntion.closeConnection();
        //返回获取到的专业数组列表
        return majors;
    }
}
```

（3）学制格式化文本框显示的格式设置

在专业管理界面的学制格式化文本框中，想显示的是一位整型数据。所以在设置控件类型的时候，选择的是格式化文本域控件。这个控件可以限制用户的输入类型，避免用户的误输入。设置它的方法是在代码界面找到格式化文本域对象实例化的代码：

```
jFormattedTextFieldLengthOfSchooling = new JFormattedTextField();
```

将其修改为如下代码：

```
jFormattedTextFieldLengthOfSchooling = new JFormattedTextField(new MaskFormatter("#"));
```

通过这段代码，设置了这个文本框只能接收一位数字。

（4）学院名称下拉列表填充代码

专业管理界面启动后，要从数据库中取出所有的学院信息，然后将它们添加到学院名称的下拉列表中。实现这个功能要在代码界面创建一个私有的、无返回值、无参

数的方法fillComboBoxCollege，方法实现的代码如下。

```
private void fillComboBoxCollege() {
    //将学院下拉列表所有数据清空
    jComboBoxCollege.removeAllItems();
    //从数据库中取出所有学院信息存放到学院数组列表中
    ArrayList<College> collegeList = CollegeAccess.getCollege();
    //遍历学院数组列表。学院信息添加到学院下拉列表中
    for (College college:collegeList) {
        jComboBoxCollege.addItem (college);
    }
}
```

在专业管理类的构造函数的最后，添加调用填充学院下拉列表的语句，完成界面初始显示时对学院下拉列表的填充，代码如下。

```
public JInternalFrameMajorManagement() {
    ……
    fillComboBoxCollege();
}
```

（5）表格数据填充代码

在学院下拉列表中选择学院以后，希望在表格中将此学院下面的所有专业显示出来。实现这个功能要在代码界面创建一个私有的、无返回值的方法fillTable，方法需要传递一个学院类型的形参，方法实现的代码如下。

```
private void fillTable (College college) {
    //定义DefaultTableModel类对象并赋值为jTableMajor的模型
    DefaultTableModel defaultTableModel = (DefaultTableModel)
jTableMajor.getModel();
    //设置表格当前行数为0
    defaultTableModel.setRowCount(0);
    //调用函数从数据库中获取专业信息，并将数据存储在数组列表中
    ArrayList<Major> majorList =MajorAccess.getMajor (college);
    //遍历专业数组列表
    for (Major major:majorList) {
```

```
        //定义向量对象
        Vector<String> vector = new Vector<String>();
        //将专业编号添加到向量中
        vector.add(major.getMajorId()+"");
        //将学院名称添加到向量中
        vector.add(major.getCollegeName());
        //将专业名称添加到向量中
        vector.add(major.getMajorName());
        //将学制添加到向量中
        vector.add(major.getLengthOfSchooling()+"");
        //将向量作为一行数据添加到表中
        defaultTableModel.addRow(vector);
    }
}
```

在学院下拉列表中添加数据项改变侦听事件。在设计界面鼠标右键单击学院名称下拉列表控件，在弹出的菜单中依次选择Add event handler→item→itemStateChanged，如图4.12所示。

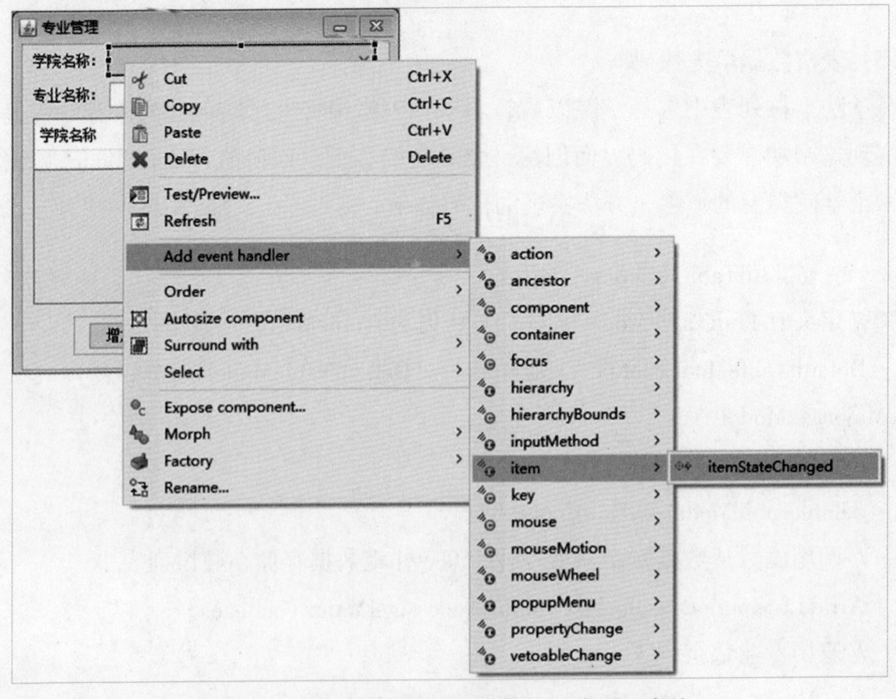

图4.12　下拉列表控件添加数据项改变侦听事件

这个事件可以捕获下拉列表的两种状态：一个是列表项被选中，另一个是列表项未被选中。这个事件中的代码如果不加区别的话，在下拉列表选中一项的过程中代码将会被执行两次。因此编写代码的时候，首先判定一下：如果当前的状态是未被选中的状态，则退出代码的执行；否则先获取当前选择的学院信息。如果学院不为空，则调用filltable方法来填充专业表，代码如下。

```
jComboBoxCollege.addItemListener (new ItemListener() {
    public void itemStateChanged (ItemEvent e) {
        // 当前的状态是未被选中的状态则退出
        if (e.getStateChange() == ItemEvent.DESELECTED) {
            return;
        }
        // 获取当前选择的学院信息
        College college = (College) jComboBoxCollege.getSelectedItem();
        // 如果学院不为空
        if (college!=null)
            // 填充专业表
            fillTable (college);
    }
});
```

(6) 增加按钮代码

增加按钮是将控件中填写的专业数据增加到数据库的专业表中。代码的大部分流程与学院管理的流程基本一致，只有在专业名称的查重时与学院名称的查重流程差别较大。在学院信息查重时，只是在当前表格中来查找数据是否重复。因为在当前表格中，显示的是全部学院信息。而在专业表格中显示的只是当前学院的所有专业，所以如果只是在当前的表格里进行查重，显然是不合适的。应该在数据库里对所有的专业名称进行查重。对于这个查重流程的设计首先是输入查询条件，然后到数据库里面查找有无记录。如果有记录，则说明有重复。流程了解清楚以后，开始编写代码，具体代码如下。

```
jButtonAdd.addActionListener (new ActionListener() {
    public void actionPerformed (ActionEvent e) {
        // 获取专业名称信息
        String name = jTextFieldMajorName.getText();
```

```
//专业名称不能为空
if (name.equals ("")) {
    //若不正确，显示提示信息后退出
    JOptionPane.showMessageDialog (null, "请输入专业名称！", "错误信息",
JOptionPane.ERROR_MESSAGE);
    jTextFieldMajorName.requestFocus();
    return;
}
//专业名称长度超出范围
if (name.length() > 30) {
    //若不正确，显示提示信息后退出
    JOptionPane.showMessageDialog (null, "请输入的专业名称的位数小于等
于30！", "错误信息", JOptionPane.ERROR_MESSAGE);
    jTextFieldMajorName.requestFocus();
    jTextFieldMajorName.selectAll();
    return;
}
//获取学制信息
String lengthOfSchooling
        = jFormattedTextFieldLengthOfSchooling.getText();
//学制不能为空
if (lengthOfSchooling.equals ("")) {
    //若不正确，显示提示信息后退出
    JOptionPane.showMessageDialog (null, "请输入学制！", "错误信息",
JOptionPane.ERROR_MESSAGE);
    jFormattedTextFieldLengthOfSchooling.requestFocus();
    return;
}
//设置查询条件
String condition = " major_name='" + name + "'";
//根据查询条件，查询数据库数据
ArrayList<Major> majorList = MajorAccess.getMajorByCondition (condition);
//如果有查询结果
```

```
        if (majorList.size() > 0) {
            //若不正确，显示提示信息后退出
            JOptionPane.showMessageDialog (null, "专业名称重复,请重新输入！", "错误信息", JOptionPane.ERROR_MESSAGE);
            jTextFieldMajorName.requestFocus();
            jTextFieldMajorName.selectAll();
            return;
        }
        //获取当前选择的学院
        College college = ((College) jComboBoxCollege.getSelectedItem());
        //获取学院的编号
        int id = college.getId();
        //生成新专业对象
        Major major = new Major (id, name, Integer.parseInt (lengthOfSchooling));
        //将专业信息插入数据库
        int r = MajorAccess.insert (major);
        if (r > 0) {
            JOptionPane.showMessageDialog (null, "数据添加成功！", "提示信息", JOptionPane.INFORMATION_MESSAGE);
            fillTable (college);
        } else {
            JOptionPane.showMessageDialog (null, "数据添加失败，请联系系统管理员！", "错误信息", JOptionPane.ERROR_MESSAGE);
        }
    }
});
```

（7）专业信息修改

专业信息修改的功能设计流程如下。

① 先在表格中选择要修改的专业，将专业的信息复制到上面对应的文本框控件中；

② 在文本域中修改专业字段信息；

③ 点击修改按钮后，进行数据有效性的校验；

④ 将修改后的结果保存到数据库中。

根据修改的流程，首先要编写表格选择的数据行发生变化的侦听事件，代码如下。

```
jTableMajor.getSelectionModel().addListSelectionListener (new
ListSelectionListener() {
    @Override
    public void valueChanged (ListSelectionEvent e) {
        //获取确定选中的行
        int row = jTableMajor.getSelectedRow();
        //如果有选中的行
        if (row!=-1) {
            //获取专业名称信息
            String majorName = (String) jTableMajor.getValueAt (row, 2);
            //专业名称文本框赋值
            jTextFieldMajorName.setText (majorName);
            //获取学制信息
            String lengthOfSchooling = jTableMajor.getValueAt (row, 3). toString();
            //学制格式化文本框赋值
            jFormattedTextFieldLengthOfSchooling.setText (lengthOfSchooling);
        }else {
            //专业名称文本框清空赋值
            jTextFieldMajorName.setText("");
            //学制格式化文本框清空
            jFormattedTextFieldLengthOfSchooling.setText("");
        }
    }
});
```

将这段代码放到表格其他属性设置代码之后，即可完成在表格中选择不同的行时将选择的专业信息在界面上对应文本域中显示出来。

接着来完成修改按钮的设计，代码如下。

```
jButtonModify.addActionListener (new ActionListener() {
    public void actionPerformed (ActionEvent e) {
        //获取专业名称信息
```

```
String name = jTextFieldMajorName.getText();
// 专业名称不能为空
if (name.equals("")) {
    // 若不正确，显示提示信息后退出
    JOptionPane.showMessageDialog (null, "请输入专业名称！", "错误信息",
JOptionPane.ERROR_MESSAGE);
    // 专业名称文本框获取焦点
    jTextFieldMajorName.requestFocus();
    return;
}
// 专业名称长度超出范围
if (name.length() > 30) {
    // 若不正确，显示提示信息后退出
    JOptionPane.showMessageDialog (null, "请输入的专业名称的位数小于等
于30！", "错误信息", JOptionPane.ERROR_MESSAGE);
    // 专业名称文本框获取焦点
    jTextFieldMajorName.requestFocus();
    // 专业名称文本框文本内容全选
    jTextFieldMajorName.selectAll();
    return;
}
// 获取学制信息
String lengthOfSchooling = jFormattedTextFieldLengthOfSchooling.getText();
// 学制为空
if (lengthOfSchooling.equals ("")) {
    // 若不正确，显示提示信息后退出
    JOptionPane.showMessageDialog (null, "请输入学制！", "错误信息",
JOptionPane.ERROR_MESSAGE);
    // 学制格式化文本框获取焦点
    jFormattedTextFieldLengthOfSchooling.requestFocus();
    return;
}
// 获取表格中当前选中的行
```

```
int selectedRow = jTableMajor.getSelectedRow();
//表格中如果未选定行
if (selectedRow == -1) {
    //提示错误信息
    JOptionPane.showMessageDialog (null, "请选择要修改的记录！", "错误信
息", JOptionPane.ERROR_MESSAGE);
    return;
}
//获取当前选中的专业编号
int majorId = Integer.parseInt
        (jTableMajor.getValueAt (selectedRow, 0).toString());
//设置查询条件
String condition = " major_name='" + name + "' and major_id!=" + majorId;
//根据查询条件，查询数据库数据
ArrayList<Major> majorList = MajorAccess.getMajorByCondition (condition);
//如果查询结果数量大于零结果
if (majorList.size() > 0) {
    //若不正确，显示提示信息后退出
    JOptionPane.showMessageDialog (null, "专业名称重复,请重新输入！", "错
误信息", JOptionPane.ERROR_MESSAGE);
    //专业名称文本框获取焦点
    jTextFieldMajorName.requestFocus();
    //专业名称文本框文本内容全选
    jTextFieldMajorName.selectAll();
    return;
}
//获取选择的学院
College college = (College) jComboBoxCollege.getSelectedItem();
//生成要修改的专业信息
Major major = new Major (college.getId(), majorId,
college.getName(), name,Integer.parseInt (lengthOfSchooling));
//将专业信息修改到数据库中
int r = MajorAccess.update (major);
```

```
            // 根据数据库修改的结果显示对应信息
            if (r > 0) {
                JOptionPane.showMessageDialog (null, "数据修改成功！ ", "提示信息",
JOptionPane.INFORMATION_MESSAGE);
                fillTable (college);
            } else {
                JOptionPane.showMessageDialog (null, "数据修改失败,请联系系统管理
员！ ", "错误信息", JOptionPane.ERROR_MESSAGE);
            }
        }
    });
```

（8）专业信息删除按钮代码

删除按钮的代码与学院管理界面中的删除代码比较类似，下面直接来看一下它的实现代码。

```
    jButtonDelete.addActionListener (new ActionListener() {
        public void actionPerformed (ActionEvent e) {
            // 获取当前选中的行
            int selectedRow = jTableMajor.getSelectedRow();
            // 判定表格中是否选定了行
            if (selectedRow == -1) {
                JOptionPane.showMessageDialog (null, "请选择要删除的记录！ ", "错误信
息", JOptionPane.ERROR_MESSAGE);
                return;
            }
            // 二次确认
            int r = JOptionPane.showConfirmDialog (null, "确认要删除当前记录么？ ", "确
认信息", JOptionPane.YES_NO_OPTION);
            // 选择了确定删除
            if (r == 0) {
                // 获取专业编号
                int id = Integer.parseInt (
                        jTableMajor.getValueAt (selectedRow, 0). toString());
                // 删除专业信息
```

```
            int re = MajorAccess.delete (id);
            // 判定是否删除了数据,并显示对应信息
            if (re > 0) {
                JOptionPane.showMessageDialog (null, "数据删除成功！", "提示信息",
JOptionPane.INFORMATION_MESSAGE);
                // 获取选择的学院
                College college = (College) jComboBoxCollege.getSelectedItem();
                // 填充专业表
                fillTable (college);
            } else {
                JOptionPane.showMessageDialog (null, "数据删除失败，请联系系统管
理员！", "错误信息", JOptionPane.ERROR_MESSAGE);
            }
        }
    }
});
```

(9) 退出按钮代码

退出按钮代码比较简单，关闭当前框架即可，代码如下。

```
jButtonExit.addActionListener (new ActionListener() {
    public void actionPerformed (ActionEvent e) {
        dispose();
    }
});
```

(10) 主界面调用专业管理界面

在主界面中，为专业管理菜单项添加活动侦听事件，用于调用专业管理功能界面，代码如下。

```
jMenuItemMajorManagement.addActionListener (new ActionListener() {
    public void actionPerformed (ActionEvent e) {
        JInternalFrameMajorManagementjInternalFrameMajorManagement = new
JInternalFrameMajorManagement();
        jInternalFrameMajorManagement.setVisible (true);
```

```
        desktopPane.add (jInternalFrameMajorManagement);
    }
});
```

以上已经完成了专业管理的功能，请读者自行运行程序，测试功能的正确性。

4.3 班级管理

在基础信息管理阶段，我们已经完成了学院管理和专业管理，本节学习一下班级管理的功能实现。

4.3.1 表与视图的创建

班级表用来存放专业下的班级信息。在实现班级管理功能之前，先来完成班级表及其相关视图的创建。

（1）班级表

① 打开MySQLWorkbench并登录本地MySQL数据库。

② 鼠标右键单击table→create table...菜单项开始创建数据表。

③ 在表名文本框中输入当前的表名“class”，在注释文本框内输入当前表的注释信息“班级”。

④ 班级表由班级编号、专业编号、年级和班级名称四个字段构成，具体结构如表4.7所列。

表4.7 班级表结构

字段名	数据类型	长度	小数位	主键	非空	自增	备注
class_id	INT			是	是	是	班级编号
major_id	INT				是		专业编号
grade	INT				是		年级
class_name	VARCHAR	30			是		班级名称

班级表的创建结果如图4.13所示。

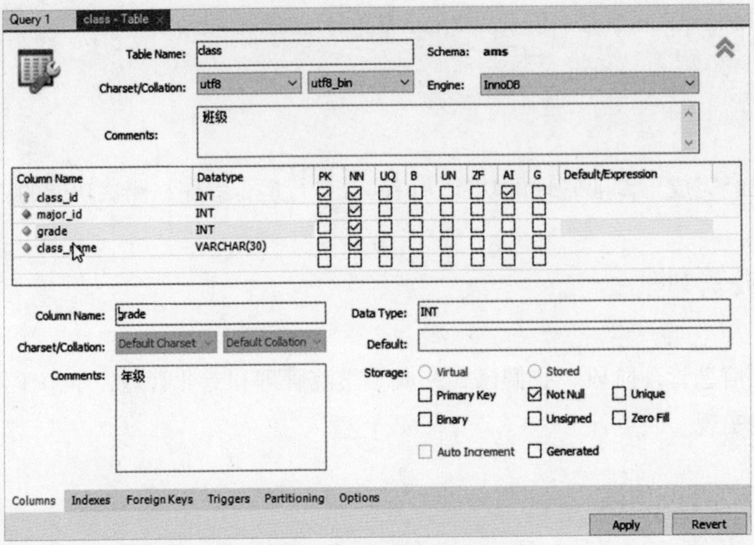

图4.13　班级表创建明细

⑤ 填写完成后，点击“Apply”按钮，然后根据提示依次点击对应按钮完成班级表的创建。

（2）专业表与班级表之间的主外键关联

一个专业下面有多个班级，因此班级表与专业表之间的关系是一对多的关系，通过专业编号进行关联。下面来创建一下班级表与专业表的外键关联。

在班级表的设计界面，点击Foreign Keys标签页，创建班级表与专业表的主外键关联，创建外键名fk_major_class，参考表选择major，参考列选择major_id，点击“Apply”按钮。弹出创建上述操作所使用的SQL命令。确认后继续点击“Apply”按钮开始创建外键。如图4.14所示。

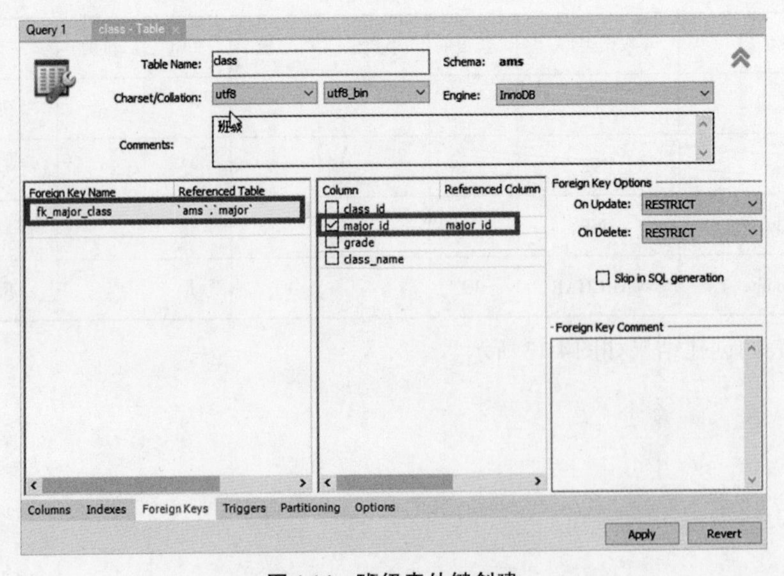

图4.14　班级表外键创建

(3) 班级视图创建

专业表与班级表是通过专业编号进行关联的主子表。为了方便展示两个表中的数据，创建了班级视图将两个表连接起来，视图的创建SQL语句如下。

```
CREATE VIEW `ams`.`view_class` AS
  SELECT
    `ams`.`class`.`major_id` AS `major_id`,
    `ams`.`major`.`college_id` AS `college_id`,
    `ams`.`major`.`major_name` AS `major_name`,
    `ams`.`major`.`length_of_schooling` AS `length_of_schooling`,
    `ams`.`class`.`class_id` AS `class_id`,
    `ams`.`class`.`grade` AS `grade`,
    `ams`.`class`.`class_name` AS `class_name`
  FROM
    (`ams`.`major`
    JOIN `ams`.`class`)
  WHERE
    (`ams`.`major`.`major_id` = `ams`.`class`.`major_id`)
```

上述语句完成了班级管理所涉及的数据表及视图的创建。

4.3.2 界面设计

① 在项目的view包内添加一个“JInternalFrame”类型的窗体，名称为“JInternalFrameClassManagement”。修改界面的title属性为班级管理，在属性窗体分别选择关闭(closable)、最小化(iconifiable)属性，设置它们的显示属性为真。修改子框架内容面板，将其布局属性设置为绝对布局(absolute)。

班级管理界面由4个标签框、2个下拉列表框、1个文本框、1个格式化文本框、1个滚动面板控件(JScrollPane)、1个放置在滚动面板上的表格控件(JTable)及4个按钮控件构成，布局如图4.15所示。

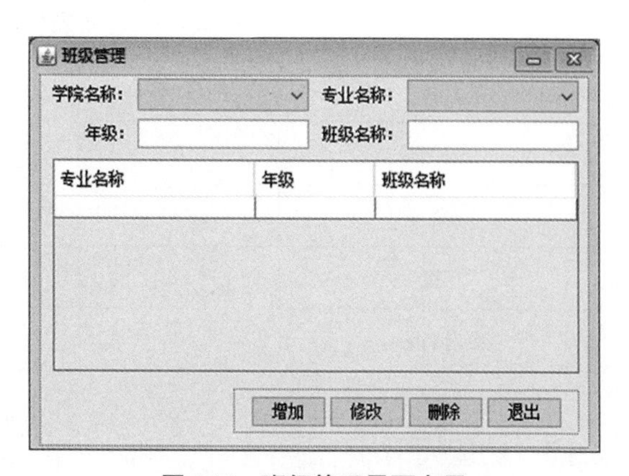

图4.15 班级管理界面布局

② 其他控件的属性修改情况如表4.8所列。

表4.8　班级管理界面各控件属性设置

控件类型	控件名	属性	值	备注
标签（JLable）	jLabelCollegeName	text	学院名称：	
	jLabelMajorName	text	专业名称：	
	jLabelGrade	text	年级：	
	jLabelClass	text	班级名称：	
文本框（JTextField）	jTextFieldClassName	text		班级名称文本框
		columns	30	
下拉列表（JComboBox）	jComboBoxCollege			学院名称下拉列表
	jComboBoxMajor			专业名称下拉列表
格式化文本框（JFormattedTextField）	jFormattedTextFieldGrade			年级格式化文本域
表格（JTable）	jTableMajor			班级表格
按钮（JButton）	jButtonAdd	text	增加	
	jButtonModify	text	修改	
	jButtonDelete	text	删除	
	jButtonExit	text	退出	

班级表格中显示的班级数据包含对应的专业数据，所以班级表格中显示的数据是班级视图的数据。班级表格由4列构成，各列的相关属性如表4.9所列。

表4.9　班级表格各列属性设置

Title	Pref.width	Min.width	Max.width	editable
班级编号	0	0	0	未选中
专业名称	100	50	200	未选中
年级	80	40	100	未选中
班级名称	100	50	200	未选中

4.3.3　功能代码

框架布局设计完成以后，开始进行编码工作。

（1）班级模型类（ClassInfo类）

在项目源代码包内的model包内新建一个班级模型，由于班级的英文class与Java类的关键字class重复，所以在建立班级模型时，将班级类的名字命名为“ClassInfo”。在类中根据view_class视图的结构，创建五个整型私有字段collegeId、majorId、lengthOfSchooling、grade和classId，以及两个字符串型私有字段majorName和className。为类添加一个对所有的字段赋值构造方法，一个对majorId、grade、className字段赋值构造方法和一个对majorId、grade、classId、className字段赋值构造方法。由于所有的字段都是私有的，类中添加对字段进行读写操作的get、set方法。最后覆盖Object类的toString方法，返回班级名称的值，代码如下。

```
package model;
public class ClassInfo {
    private int collegeId, majorId, lengthOfSchooling;
    private int grade, classId;
    private String MajorName, className;
    public ClassInfo (int collegeId, int majorId, int lengthOfSchooling,
        int grade, int classId, String majorName, String className) {
        super();
        this.collegeId = collegeId;
        this.majorId = majorId;
        this.lengthOfSchooling = lengthOfSchooling;
        this.grade = grade;
        this.classId = classId;
        this.majorName = majorName;
        this.className = className;
    }
    public ClassInfo (int majorId, int grade, String className) {
        super();
        this.majorId = majorId;
        this.grade = grade;
        this.className = className;
    }
    public ClassInfo (int majorId, int grade, int classId, String className){
        super();
```

```
        this.majorId = majorId;
        this.grade = grade;
        this.classId = classId;
        this.className = className;
    }
    public int getCollegeId() {
        return collegeId;
    }
    public void setCollegeId (int collegeId) {
        this.collegeId = collegeId;
    }
    public int getMajorId() {
        return majorId;
    }
    public void setMajorId (int majorId) {
        this.majorId = majorId;
    }
    public int getLengthOfSchooling() {
        return lengthOfSchooling;
    }
    public void setLengthOfSchooling (int lengthOfSchooling) {
        this.lengthOfSchooling = lengthOfSchooling;
    }
    public int getClassId() {
        return classId;
    }
    public void setClassId (int classId) {
        this.classId = classId;
    }
    public String getMajorName() {
        return majorName;
    }
    public void setMajorName (String majorName) {
        this.majorName = majorName;
```

```
    }
    public String getClassName() {
        return className;
    }
    public void setClassName (String className) {
        this.className = className;
    }
    public int getGrade() {
        return grade;
    }
    public void setGrade (int grade) {
        this.grade = grade;
    }
    @Override
    public String toString() {
        return className;
    }
}
```

（2）班级数据访问类（ClassAccess类）

在dao包下创建一个新类，用于实现对数据库中Class表的访问操作。参照MajorAccess类的结构，ClassAccess类也设计增、删、改等静态方法和三个查询的方法。这些方法的设计与MajorAccess类的设计基本一致，在此省略流程分析，直接来看源代码，具体的代码如下。

```
package dao;

import java.sql.Connection;
import java.sql.ResultSet;
import java.sql.SQLException;
import java.sql.Statement;
import java.util.ArrayList;
import model.ClassInfo;
import model.Major;

public class ClassAccess {
```

```
    public static int insert (ClassInfo classInfo){
        String sql="INSERT INTO class (major_id, grade, class_name)
            VALUES ("+classInfo.getMajorId()+", "+classInfo.getGrade()+",
'"+classInfo.getClassName()+"')";
        return DBUtils.executeUpdate (sql);
    }
    public static int update (ClassInfo classInfo) {
        String sql="UPDATE class SET grade="+classInfo.getGrade()
                +", class_name = '"+classInfo.getClassName()
                +"' WHERE (class_id = "+classInfo.getClassId()+")";
        return DBUtils.executeUpdate (sql);
    }
    public static int delete (int id){
        String sql="DELETE FROM class WHERE (class_id = "+id+")";
        return DBUtils.executeUpdate (sql);
    }
    /**
     * 返回数据库中的班级信息
     * @param major查询对应的专业
     * @return班级类型的数组列表
     */
    public static ArrayList<ClassInfo> getClassInfo (Major major) {
        //定义字符串变量并给其赋初值为从班级视图查询数据的SQL语句
        String sql;
        sql = "SELECT * FROM view_class";
        //判定传递的专业类型对象不为空
        if (major != null)
            //生成查询的条件语句,并与SQL字符串连接
            sql += " WHERE major_id = " + major.getMajorId();
        //将变量sql传递到Query方法中,查询出满足条件的班级数据并返回
        return Query (sql);
    }
    /**
     * 根据查询条件获取班级信息
```

```
 * @param condition 查询条件
 * @return 班级类型的数组列表
 */
public static ArrayList<ClassInfo> getClassInfoByCondition (String condition) {
    //定义字符串变量sql
    String sql;
    //判定传递的查询条件字符串为空
    if (condition == null)
        //返回空
        return null;
    //根据查询条件，生成查询班级视图的Select语句，给sql字符串赋值
    sql = "SELECT * FROM view_class WHERE "+condition;
    //将变量sql传递到Query方法中，查询出满足条件的班级数据并返回
    return Query (sql);
}
private static ArrayList<ClassInfo> Query (String sql) {
    //定义声明对象,并获取数据库的连接
    Connection conn=DatabaseConntion.getConnection();
    //定义数据库声明对象和结果集对象
    Statement stmt = null;
    ResultSet rs = null;
    //定义班级类型的数组列表对象
    ArrayList<ClassInfo> classInfoList=null;
    try {
        //声明对象初始化
        stmt = conn.createStatement();
        //执行SQL语句,返回结果给结果集对象
        rs = stmt.executeQuery(sql);
        //班级类型的数组列表初始化
        classInfoList = new ArrayList<ClassInfo>();
        //遍历结果集
        while (rs.next()) {
            //取出当前记录的班级信息
            int collegeId = rs.getInt ("college_id");
```

```
                int majorId = rs.getInt ("major_id");
                String majorName = rs.getString ("major_name");
                int lengthOfSchooling = rs.getInt ("length_of_schooling");
                int classId = rs.getInt ("class_id");
                int grade = rs.getInt ("grade");
                String className = rs.getString ("class_name");
                //生成新的班级对象
                ClassInfo classInfo = new ClassInfo (collegeId, majorId,
lengthOfSchooling, grade, classId, majorName, className);
                //将班级对象添加到班级数组列表中
                classInfoList.add (classInfo);
            }
        } catch (SQLException e) {
            e.printStackTrace();
        }finally {
            //判定结果集和声明对象状态,如果没关闭则关闭
            try {
                if (rs!=null)
                    rs.close();
                if (stmt!=null)
                    stmt.close();
            } catch (SQLException e) {
                e.printStackTrace();
            }
        }
        //关闭数据库的连接
        DatabaseConntion.closeConnection();
        //返回获取到的班级数组列表
        return classInfoList;
    }
}
```

（3）年级格式化文本框显示的格式设置

JInternalFrameClassManagement类中，由于在年级里面要输入学生的入学年份（如

2020)，年级的输入格式由四位数字构成。在原来的专业学制格式化文本框实例化代码格式限制上，添加三个#号即可设置该文本框接收四位数字。设置的方法是在代码界面找到给格式化文本域对象实例化的代码：

```
jFormattedTextFieldGrade = new JFormattedTextField();
```

将其修改为如下代码：

```
jFormattedTextFieldGrade = new JFormattedTextField(new MaskFormatter("####"));
```

通过这段代码,我们设置了这个文本框只能接收四位数字。

（4）FillComboBox类

班级管理界面启动时，要从数据库中取出所有的学院信息，然后将它们添加到学院名称的下拉列表中。这段代码和专业管理中的代码编写的内容完全一致，但是在本界面需要重复编写，并且在后续的管理功能中也将用到。为了能实现代码的复用，将填充学院下拉列表的方法从类中抽离出来单独编写，其他各个界面需要时直接调用即可。具体步骤如下。

① 在项目的源代码包（src）中创建新包，命名为“utils”；

② 在utils包中创建新类，取名为“FillComboBox”，本项目中下拉列表的数据填充方法将都会集中放到这个类中，被其他类调用；

③ 将之前编写的填充学院下拉列表的函数方法复制出来，拷贝到FillComboBox类中。修改它的访问属性为静态的，方法名为FillComboBoxCollege。方法需要传递一个容纳学院信息的下拉列表控件，为了和复制过来的代码一致，将此对象命名为“jComboBoxCollege”；

④ 班级管理界面中，在学院下拉列表中选择学院以后，希望在专业下拉列表中将此学院下面的所有专业添加进去，所以还需要一个填充专业下拉列表的方法。在FillComboBox类中，参照学院下拉列表的填充代码，编写专业下拉列表填充方法。形参需要有两个参数：一个是需要填充的下拉列表，另一个是学院信息。

代码实现如下。

```
package utils;

import java.util.ArrayList;
import javax.swing.JComboBox;
import dao.CollegeAccess;
import dao.MajorAccess;
import model.College;
```

```
import model.Major;

public class FillComboBox {
    public static void fillComboBoxCollege (JComboBox<College> jComboBoxCollege) {
        //将学院下拉列表所有数据清空
        jComboBoxCollege.removeAllItems();
        //从数据库中取出所有学院信息存放到学院数组列表中
        ArrayList<College> collegeList = CollegeAccess.getCollege();
        //遍历学院数组列表。学院信息添加到学院下拉列表中
        for (College college:collegeList) {
            jComboBoxCollege.addItem (college);
        }
    }
    public static void fillComboBoxMajor (
                        JComboBox<Major> jComboBoxMajor, College college) {
        //将专业下拉列表所有数据清空
        jComboBoxMajor.removeAllItems();
        //从数据库中取出所有专业信息存放到专业数组列表中
        ArrayList<Major> majorList = MajorAccess.getMajor (college);
        //遍历专业数组列表,将专业信息添加到专业下拉列表中
        for (Major major:majorList) {
            jComboBoxMajor.addItem (major);
        }
    }
}
```

（5）班级管理界面调用填充下拉列表方法的代码

① 学院名称下拉列表填充数据代码。

在班级管理类（JInternalFrameClassManagement）的构造函数最后，添加调用填充学院下拉列表的语句，完成界面初始显示时，对学院下拉列表的填充，代码如下。

```
public JInternalFrameClassManagement() {
    ...
    FillComboBox.fillComboBoxCollege (jComboBoxCollege);
}
```

② 专业名称下拉列表填充数据代码。

在班级管理类（JInternalFrameClassManagement）中，添加学院下拉列表的列表项改变侦听事件，代码如下。

```
jComboBoxCollege.addItemListener (newItemListener() {
    public void itemStateChanged (ItemEvent e) {
        if (e.getStateChange() == ItemEvent.DESELECTED) {
            return;
        }
        // 获取当前选择的学院信息
        College college = (College)jComboBoxCollege.getSelectedItem();
        // 如果学院不为空
        if (college!=null)
            // 填充专业表
            FillComboBox.fillComboBoxMajor (jComboBoxMajor, college);
    }
});
```

（6）表格数据填充代码

在专业下拉列表中选择专业以后，希望在班级表格中将此专业下面的所有班级显示出来。实现这个功能要在代码界面创建一个私有的、无返回值的方法fillTable。方法需要传递一个专业类型的形参，方法实现的代码如下。

```
private void fillTable (Major major) {
    // 定义DefaultTableModel类对象并赋值为jTableClass的模型
    DefaultTableModel defaultTableModel = (DefaultTableModel)
jTableClass.getModel();
    // 设置表格当前行数为0
    defaultTableModel.setRowCount(0);
    // 调用函数从数据库中获取班级信息，并将数据存储在数组列表中
    ArrayList<ClassInfo> classInfoList = ClassAccess.getClassInfo (major);
    // 遍历班级数组列表
    for (ClassInfo classInfo:classInfoList) {
        // 定义向量对象
        Vector<String>vector = new Vector<String>();
```

```
        //将班级编号添加到向量中
        vector.add (classInfo.getClassId()+"");
        //将专业名称添加到向量中
        vector.add (classInfo.getMajorName());
        //将年级添加到向量中
        vector.add (classInfo.getGrade()+"");
        //将班级名称添加到向量中
        vector.add (classInfo.getClassName());
        //将向量作为一行数据添加到表中
        defaultTableModel.addRow(vector);
    }
}
```

在专业下拉列表中添加数据项改变侦听事件，代码如下。

```
jComboBoxMajor.addItemListener (new ItemListener() {
    public void itemStateChanged (ItemEvent e) {
        if (e.getStateChange() == ItemEvent.DESELECTED) {
            return;
        }
        //获取当前选择的专业
        Major major = ((Major) jComboBoxMajor.getSelectedItem());
        //填充班级表
        fillTable (major);
    }
});
```

(7) 增加按钮代码

增加按钮是要将控件中填写的班级数据增加到数据库的班级表中。代码的大部分流程与专业管理的流程基本一致，只有在班级名称的查重时与专业名称的查重流程有一些差别。在专业信息查重时，从专业表所有数据中查询是否重复。而班级名称在不同的学院中经常会出现重名现象。例如，信息学院有B1905班，经济学院同样也可以存在B1905班。所以在班级名查重中，只要在同一个学院内部不重名即可。流程了解清楚以后，开始编写代码，具体代码如下。

```
jButtonAdd.addActionListener (new ActionListener() {
```

```
public void actionPerformed (ActionEvent e) {
    //判定年级格式
    if (jFormattedTextFieldGrade.getText().length()<4) {
        //若不正确，显示提示信息后退出
        JOptionPane.showMessageDialog (null, "请输入4位的年级，例如“2019”",
"错误信息", JOptionPane.ERROR_MESSAGE);
        //学制格式化文本框获取焦点
        jFormattedTextFieldGrade.requestFocus();
        //学制格式化文本框文本内容全部选中
        jFormattedTextFieldGrade.selectAll();
        return;
    }
    //获取年级
    int grade = Integer.parseInt (jFormattedTextFieldGrade.getText());
    //获取班级名称信息
    String name = jTextFieldClassName.getText();
    //班级名称不能为空
    if (name.equals ("")) {
        //若不正确，显示提示信息后退出
        JOptionPane.showMessageDialog (null, "请输入班级名称！", "错误信息",
JOptionPane.ERROR_MESSAGE);
        //班级名称文本框获取焦点
        jTextFieldClassName.requestFocus();
        return;
    }
    //班级名称长度超出范围
    if (name.length() > 30) {
        //若不正确，显示提示信息后退出
        JOptionPane.showMessageDialog (null, "请输入的班级名称的位数小于等
于30！", "错误信息", JOptionPane.ERROR_MESSAGE);
        //班级名称文本框获取焦点
        jTextFieldClassName.requestFocus();
        //班级名称文本框文本内容全部选中
        jTextFieldClassName.selectAll();
```

```
        return;
    }
    //获取学院信息
    College college = (College)jComboBoxCollege.getSelectedItem();
    //设置查询条件
    String condition = " class_name='" + name
                    + "' and college_id="+college.getId();
    //根据查询条件，查询数据库数据
    ArrayList<ClassInfo> classInfoList =
            ClassAccess.getClassInfoByCondition(condition);
    //如果有查询结果
    if(classInfoList.size() > 0){
        //若不正确，显示提示信息后退出
        JOptionPane.showMessageDialog(null, "班级名称重复，请重新输入！""错
误信息", JOptionPane.ERROR_MESSAGE);
        //班级名称文本框获取焦点
        jTextFieldClassName.requestFocus();
        //班级名称文本框文本内容全部选中
        jTextFieldClassName.selectAll();
        return;
    }
    //获取当前选择的专业
    Major major = ((Major) jComboBoxMajor.getSelectedItem());
    //获取专业的编号
    int majorId = major.getMajorId();
    //生成新班级对象
    ClassInfo classInfo = new ClassInfo(majorId, grade, name);
    //将班级信息插入数据库
    int r = ClassAccess.insert(classInfo);
    if(r > 0){
        JOptionPane.showMessageDialog(null, "数据添加成功！","提示信息",
JOptionPane.INFORMATION_MESSAGE);
        fillTable(major);
    } else {
```

```
            JOptionPane.showMessageDialog (null, "数据添加失败，请联系系统管理
员！", "错误信息", JOptionPane.ERROR_MESSAGE);
        }
    }
});
```

（8）班级信息修改

班级信息修改的功能设计流程如下。

① 先在表格中选择要修改的班级，将班级信息复制到上面对应的文本框控件中；

② 在文本域中修改班级字段信息；

③ 点击修改按钮后，进行数据有效性校验；

④ 将修改后的结果保存到数据库中。

根据修改流程，首先要编写表格选择的数据行发生变化的侦听事件，代码如下。

```
jTableClass.getSelectionModel().addListSelectionListener(
                                    new ListSelectionListener() {
    @Override
    public void valueChanged (ListSelectionEvent e) {
        // TODO Auto-generated method stub
        // 确定选中的行
        int row = jTableClass.getSelectedRow();
        if (row!=-1) {
            // 获取年级信息
            String grade = jTableClass.getValueAt (row,2). toString();
            // 获取班级名称信息
            String className = (String) jTableClass.getValueAt (row,3);
            // 年级格式化文本框赋值
            jFormattedTextFieldGrade.setText (grade);
            // 班级名称文本框赋值
            jTextFieldClassName.setText (className);
        }else {
            // 年级格式化文本框清空赋值
            jFormattedTextFieldGrade.setText ("");
            // 班级名称文本框清空
            jTextFieldClassName.setText ("");
```

```
        }
    }
});
```

将此段代码放到表格其他属性设置代码之后，即可完成在表格中选择不同的行时将选择的班级信息在界面上对应文本域中显示出来。

接下来完成修改按钮的设计，代码如下。

```
jButtonModify.addActionListener(new ActionListener() {
    public void actionPerformed(ActionEvent e) {
        //判定年级格式
        if(jFormattedTextFieldGrade.getText().length()<4) {
            //若不正确，显示提示信息后退出
            JOptionPane.showMessageDialog(null, "请输入4位的年级，例如“2019”",
"错误信息", JOptionPane.ERROR_MESSAGE);
            //学制格式化文本框获取焦点
            jFormattedTextFieldGrade.requestFocus();
            //学制格式化文本框文本内容全部选中
            jFormattedTextFieldGrade.selectAll();
            return;
        }
        //获取年级
        int grade = Integer.parseInt(jFormattedTextFieldGrade.getText());
        //获取班级名称信息
        String name = jTextFieldClassName.getText();
        //班级名称不能为空
        if(name.equals("")) {
            //若不正确，显示提示信息后退出
            JOptionPane.showMessageDialog(null, "请输入班级名称！", "错误信息",
JOptionPane.ERROR_MESSAGE);
            jTextFieldClassName.requestFocus();
            return;
        }
        //班级名称长度超出范围
        if(name.length() > 30) {
```

```
        //若不正确，显示提示信息后退出
        JOptionPane.showMessageDialog(null, "请输入的班级名称的位数小于等于30！", "错误信息", JOptionPane.ERROR_MESSAGE);
        //班级名称文本框获取焦点
        jTextFieldClassName.requestFocus();
        //班级名称文本框文本内容全部选中
        jTextFieldClassName.selectAll();
        return;
    }
    //获取表格中当前选中的行
    int selectedRow = jTableClass.getSelectedRow();
    //判定表格中是否选定了行
    if (selectedRow == -1) {
        JOptionPane.showMessageDialog(null, "请选择要修改的记录！", "错误信息", JOptionPane.ERROR_MESSAGE);
        return;
    }
    //获取当前选中的班级编号
    int classId = Integer.parseInt(
            jTableClass.getValueAt(selectedRow, 0).toString());
    College college = (College) jComboBoxCollege.getSelectedItem();
    //设置查询条件
    String condition = " class_name='" + name
                + "' and college_id="+college.getId()
                        +" and class_id!="+classId;
    //根据查询条件，查询数据库数据
    ArrayList<ClassInfo> classInfoList = ClassAccess.getClassInfoByCondition(condition);
    //如果有查询结果
    if (classInfoList.size() > 0) {
        //若不正确，显示提示信息后退出
        JOptionPane.showMessageDialog(null, "班级名称重复，请重新输入！", "错误信息", JOptionPane.ERROR_MESSAGE);
        //班级名称文本框获取焦点
```

```
            jTextFieldClassName.requestFocus();
            // 班级名称文本框文本内容全部选中
            jTextFieldClassName.selectAll();
            return;
        }
        // 获取当前选择的专业
        Major major = ((Major) jComboBoxMajor.getSelectedItem());
        // 获取专业的编号
        int majorId = major.getMajorId();
        // 生成新班级对象
        ClassInfo classInfo = new ClassInfo (majorId, grade, classId, name);
        // 将信息修改到数据库中
        int r = ClassAccess.update (classInfo);
        // 根据数据库修改的结果显示对应信息.
        if (r > 0) {
            JOptionPane.showMessageDialog (null, "数据修改成功！", "提示信息",
JOptionPane.INFORMATION_MESSAGE);
            fillTable (major);
        } else {
            JOptionPane.showMessageDialog (null, "数据修改失败，请联系系统管理
员！", "错误信息", JOptionPane.ERROR_MESSAGE);
        }
    }
});
```

（9）班级信息删除按钮代码

删除按钮的代码与专业管理界面中的删除代码比较类似，下面直接来看一下它的实现代码。

```
jButtonDelete.addActionListener (new ActionListener() {
    public void actionPerformed (ActionEvent e) {
        // 获取当前选中的行
        int selectedRow = jTableClass.getSelectedRow();
        // 判定表格中是否选定了行
        if (selectedRow == -1) {
```

```
            JOptionPane.showMessageDialog (null, "请选择要删除的记录！", "错误信息", JOptionPane.ERROR_MESSAGE);
            return;
        }
        //二次确认
        int r = JOptionPane.showConfirmDialog (null, "确认要删除当前记录么？", "确认信息", JOptionPane.YES_NO_OPTION);
        //选择了确定删除
        if (r == 0){
            //获取班级编号
            int id = Integer.parseInt(
                    jTableClass.getValueAt (selectedRow, 0). toString());
            //删除班级信息
            int re = ClassAccess.delete (id);
            //判定是否删除了数据,并显示对应信息
            if (re > 0) {
                JOptionPane.showMessageDialog (null, "数据删除成功！", "提示信息", JOptionPane.INFORMATION_MESSAGE);
                //获取当前选择的专业
                Major major = ((Major) jComboBoxMajor.getSelectedItem());
                fillTable (major);
            } else {
                JOptionPane.showMessageDialog (null, "数据删除失败,请联系系统管理员！", "错误信息", JOptionPane.ERROR_MESSAGE);
            }
        }
    }
});
```

(10) 退出按钮代码

退出按钮代码比较简单，关闭当前框架即可，代码如下。

```
jButtonExit.addActionListener (new ActionListener() {
    public void actionPerformed (ActionEvent e) {
        dispose();
```

```
    }
});
```

（11）主界面调用班级管理界面

在主界面中，为班级管理菜单项添加活动侦听事件，用于调用班级管理功能界面，代码如下。

```
jMenuItemClassManagement.addActionListener(new ActionListener() {
    public void actionPerformed(ActionEvent e) {
        JInternalFrameClassManagement jInternalFrameClassManagement = new
JInternalFrameClassManagement();
        jInternalFrameClassManagement.setVisible(true);
        desktopPane.add(jInternalFrameClassManagement);
    }
});
```

上述语句已经完成了班级管理的功能，请读者自行运行程序，测试功能的正确性。

4.4 学生管理

基础信息管理的最终是要进行学生管理。学院、专业和班级数据都是学生数据的直接或间接隶属关系。下面开始学生管理功能的实现。

4.4.1 表与视图的创建

学生表是用来存放学生相关信息。学生表与班级表存在主从关系，下面介绍学生表与视图的创建。

（1）学生表

① 打开MySQL Workbench并登录本地MySQL数据库。

② 鼠标右键单击table→create table...菜单项开始创建数据表。

③ 在表名文本框中写上当前的表名“student”，在注释文本框内写上当前表的注释信息“学生表”。

④ 学生表由学生编号、班级编号、学号、性别和姓名五个字段构成，具体结构如表4.10所列。

表4.10　学生表结构

字段名	数据类型	长度	小数位	主键	非空	自增	备注
student_id	INT			是	是	是	学生编号
class_id	INT				是		班级编号
student_number	INT				是		学号
student_sex	CHAR	1					性别
student_name	VARCHAR	30					姓名

学生表的创建结果如图4.16所示。

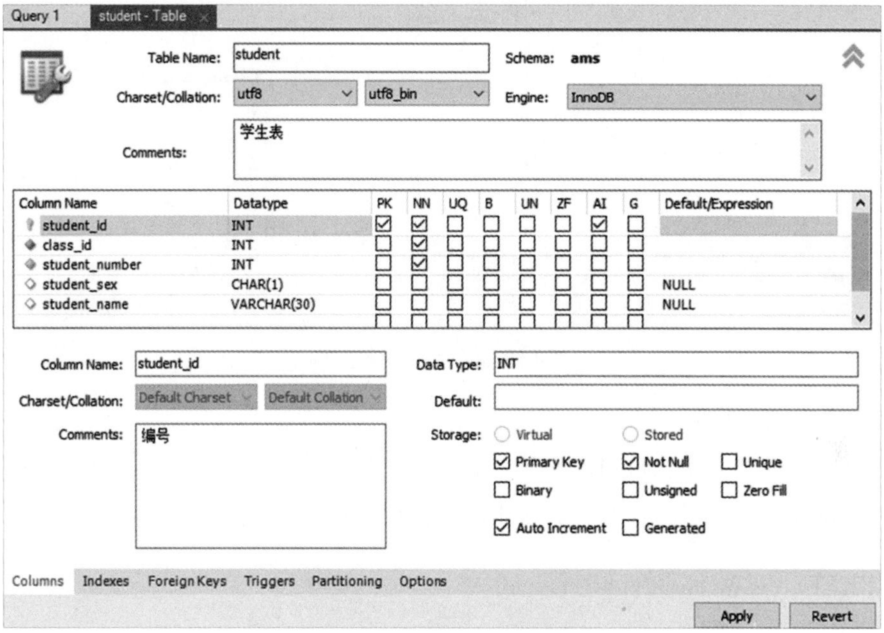

图4.16　学生表创建明细

⑤ 填写完成后，点击“Apply”按钮，然后根据提示依次点击对应按钮完成学生表的创建。

在学生表中，我们创建了学生编号和学号两个整型字段。其中，学生编号是作为数据库中的主键，用于在学生表中唯一标识一条学生记录，而学号是学生的基本属性。在班级中经常有学生的姓名是相同的，所以在班级中标识学生的时候，是使用学号来标识一个学生的，学号在班级中不重复即可。

（2）班级表与学生表之间的主外键关联

一个班级下面有多个学生，班级表与学生表之间的关系是一对多的关系，通过班级编号进行关联，下面来创建一下学生表与班级表的外键关联。

在学生表的设计界面，点击Foreign Keys标签页，创建学生表与班级表的主外键关联。创建外键名fk_class_student，参考表选择class，参考列选择class_id。点击“Apply”按钮，弹出创建上述操作所使用的SQL命令，确认后继续点击“Apply”按钮开始创建外键，如图4.17所示。

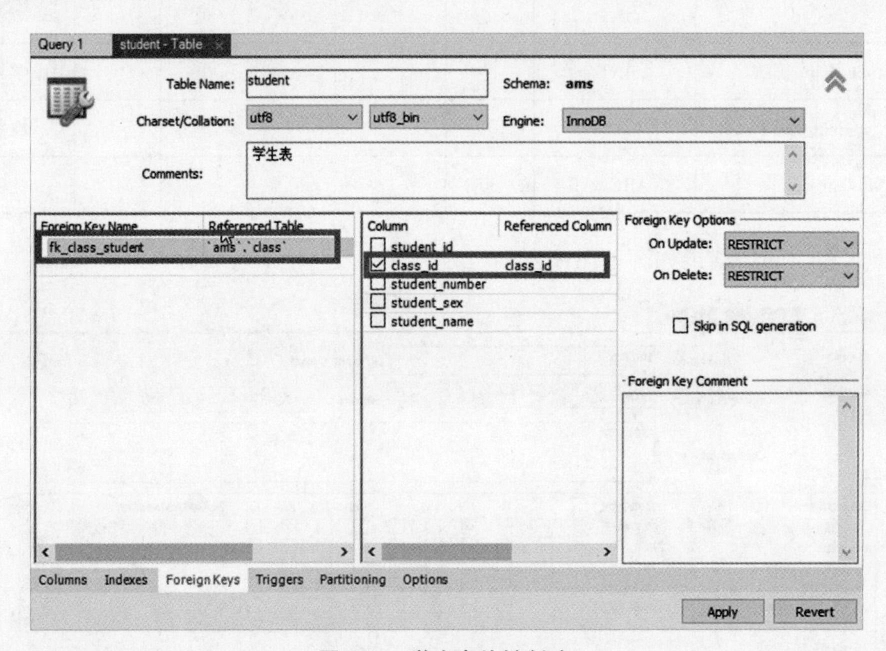

图4.17 学生表外键创建

（3）学生视图创建

班级表与学生表是通过班级编号进行关联的主子表。为了方便展示两个表中的数据，我们创建了学生视图将两个表连接起来。视图的创建SQL语句如下。

```
CREATE VIEW `ams`.`view_student` AS
    SELECT
        `ams`.`class`.`major_id` AS `major_id`,
        `ams`.`student`.`class_id` AS `class_id`,
        `ams`.`class`.`grade` AS `grade`,
        `ams`.`class`.`class_name` AS `class_name`,
        `ams`.`student`.`student_id` AS `student_id`,
        `ams`.`student`.`student_number` AS `student_number`,
        `ams`.`student`.`student_sex` AS `student_sex`,
        `ams`.`student`.`student_name` AS `student_name`
    FROM
        (`ams`.`class`
```

```
    JOIN `ams`.`student`)
  WHERE
    (`ams`.`class`.`class_id` = `ams`.`student`.`class_id`)
```

上述语句完成了学生管理所涉及的数据表及视图的创建。

4.4.2　界面设计

① 在项目的view包内添加一个“JInternalFrame”类型的窗体，名称为“JInternal-FrameStudentManagement”。修改界面的title属性为学生管理。在属性窗体分别选择关闭（closable）、最小化（iconifiable）属性，设置它们的显示属性为真。修改子框架内容面板，将其布局属性设置为绝对布局（absolute）。

学生管理界面由6个标签框、3个下拉列表框、1个文本框、1个格式化文本框、2个单选按钮控件、1个滚动面板控件（JScrollPane）、1个放置在滚动面板上的表格控件（JTable）及4个按钮控件构成，布局如图4.18所示。

图4.18　学生管理界面布局

② 其他控件的属性修改情况如表4.11所列。

表4.11　学生管理界面各控件属性设置

控件类型	控件名	属性	值	备注
标签（JLable）	jLabelCollegeName	text	学院名称：	
	jLabelMajorName	text	专业名称：	
	jLabelClass	text	班级名称：	

表4.11（续）

控件类型	控件名	属性	值	备注
	jLabelNumber	text	学号：	
	jLabelName	text	姓名：	
	jLabelSex	text	性别：	
文本框（JTextField）	jTextFieldName	text		姓名文本框
		columns	10	
下拉列表（JComboBox）	jComboBoxCollege			学院名称下拉列表
	jComboBoxMajor			专业名称下拉列表
	jComboBoxClass			班级名称下拉列表
格式化文本框（JFormattedTextField）	jFormattedTextFieldNumber			学号格式化文本域
表格（JTable）	jTableStudent			学生表格
按钮（JButton）	jButtonAdd	text	增加	
	jButtonModify	text	修改	
	jButtonDelete	text	删除	
	jButtonExit	text	退出	

学生表格由5列构成。各列的相关属性如表4.12所列。

表4.12　班级表格各列属性设置

Title	Pref.width	Min.width	Max.width	editable
学生编号	0	0	0	未选中
班级名称	150	50	300	未选中
学号	50	20	100	未选中
性别	50	20	100	未选中
姓名	150	50	300	未选中

4.4.3　功能代码

框架布局设计完成以后，我们开始进行编码工作。

（1）学生模型类（Student类）

在项目源代码包内的model包内新建一个学生模型，学生类的名字命名为“Student”。在类中根据view_student视图的结构，类中创建五个整型私有字段majorId、classId、grade、studentId和studentNumber；两个字符串型私有字段className和studentName；一个字符型私有字段studentSex。为类添加一个对所有的字段赋值构造方法，一个对classId、studentId、studentNumber、studentName、studentSex字段赋值的构造方法和一个对classId、studentNumber、studentName、studentSex字段赋值的构造方法。由于所有的字段都是私有的，我们再添加对字段进行读写操作的get、set方法，代码如下。

```
package model;

public class Student {
    private int majorId, classId, grade, studentId, studentNumber;
    private String className, studentName;
    private char studentSex;
    public Student (int majorId, int classId, int grade,
                int studentId, int studentNumber, String className,
                        String studentName, char studentSex) {
        super();
        this.majorId = majorId;
        this.classId = classId;
        this.grade = grade;
        this.studentId = studentId;
        this.studentNumber = studentNumber;
        this.className = className;
        this.studentName = studentName;
        this.studentSex = studentSex;
    }
    public Student (int classId, int studentId, int studentNumber,
                        String studentName, char studentSex) {
        super();
        this.classId = classId;
        this.studentId = studentId;
        this.studentNumber = studentNumber;
        this.studentName = studentName;
```

```
        this.studentSex = studentSex;
    }
    public Student (int classId, int studentNumber, String studentName,
char studentSex) {
        super();
        this.classId = classId;
        this.studentNumber = studentNumber;
        this.studentName = studentName;
        this.studentSex = studentSex;
    }
    public int getMajorId() {
        return majorId;
    }
    public void setMajorId (int majorId) {
        this.majorId = majorId;
    }
    public int getClassId() {
        return classId;
    }
    public void setClassId (int classId) {
        this.classId = classId;
    }
    public int getGrade() {
        return grade;
    }
    public void setGrade (int grade) {
        this.grade = grade;
    }
    public int getStudentId() {
        return studentId;
    }
    public void setStudentId (int studentId) {
        this.studentId = studentId;
    }
```

```
    public int getStudentNumber() {
        return studentNumber;
    }
    public void setStudentNumber (int studentNumber) {
        this.studentNumber = studentNumber;
    }
    public String getClassName() {
        return className;
    }
    public void setClassName (String className) {
        this.className = className;
    }
    public String getStudentName() {
        return studentName;
    }
    public void setStudentName (String studentName) {
        this.studentName = studentName;
    }
    public char getStudentSex() {
        return studentSex;
    }
    public void setStudentSex (char studentSex) {
        this.studentSex = studentSex;
    }
}
```

（2）学生数据访问类（StudentAccess类）

在dao包下创建一个新类，用于实现对数据库中Student表的访问操作。类中方法的设计与MajorAccess类的设计基本一致，在此省略流程分析，直接来看源代码，具体的代码如下。

```
package dao;

import java.sql.Connection;
import java.sql.ResultSet;
```

```
import java.sql.SQLException;
import java.sql.Statement;
import java.util.ArrayList;
import model.Student;
import model.ClassInfo;

public class StudentAccess {
    public static int insert (Student student) {
        String sql = "INSERT INTO student (class_id, student_number,
            student_sex, student_name) VALUES ("+ student.getClassId()
        +", "+student.getStudentNumber()+", '"+student.getStudentSex()
            + "', '"+ student.getStudentName() + "')";
        return DBUtils.executeUpdate (sql);
    }
    public static int update (Student student){
        String sql = "UPDATE student SET student_number="
                +student.getStudentNumber()+", student_sex = "
                +student.getStudentSex()+"', student_name = '"
                +student.getStudentName()+"' WHERE (student_id = "
                +student.getStudentId()+")";
        return DBUtils.executeUpdate (sql);
    }
    public static int delete (int id){
        String sql = "DELETE FROM student WHERE (student_id = "+id+")";
        return DBUtils.executeUpdate (sql);
    }
    /**
     * 根据班级信息返回数据库中的学生信息
     * @param classInfo 班级信息
     * @return 学生类型的数组列表
     */
    public static ArrayList<Student> getStudent (ClassInfo classInfo) {
        // 定义字符串变量并给其赋初值为从学生视图查询数据的SQL语句
        String sql;
```

```
    sql = "SELECT * FROM view_student";
    // 判定传递的班级类型对象不为空
    if (classInfo != null)
        // 生成查询的条件语句,并与SQL字符串连接
        sql += " WHERE class_id=" + classInfo.getClassId()
                                +" ORDER BY student_number";
    // 将变量sql传递到Query方法中，查询出满足条件的学生数据并返回
    return Query (sql);
}
/**
 * 根据查询条件返回数据库中的学生信息
 * @param condition 查询条件
 * @return 学生类型的数组列表
 */
public static ArrayList<Student> getStudentByCondition(String condition) {
    // 定义字符串变量sql
    String sql;
    // 判定传递的查询条件字符串为空
    if (condition==null)
        // 返回空
        return null;
    // 根据查询条件，生成查询学生视图的Select语句，给SQL字符串赋值
    sql = "SELECT * FROM view_student WHERE "+condition;
    // 将变量sql传递到Query方法中，查询出满足条件的学生数据并返回
    return Query (sql);
}
private static ArrayList<Student> Query (String sql) {
    // 定义声明对象,并获取数据库的连接
    Connection conn = DatabaseConntion.getConnection();
    // 定义数据库声明对象和结果集对象
    Statement stmt = null;
    ResultSet rs = null;
    // 定义学生类型的数组列表对象
    ArrayList<Student> studentList = null;
```

```
        try {
            //声明对象初始化
            stmt = conn.createStatement();
            //执行SQL语句，返回结果给结果集对象
            rs = stmt.executeQuery (sql);
            //学生类型的数组列表初始化
            studentList = new ArrayList<Student>();
            //遍历结果集
            while (rs.next()) {
                //取出当前记录的学生信息
                int majorId = rs.getInt ("major_id");
                int classId = rs.getInt ("class_id");
                int grade = rs.getInt ("grade");
                int studentId = rs.getInt ("student_id");
                int studentNumber = rs.getInt ("student_number");
                String className = rs.getString ("class_name");
                String studentName = rs.getString ("student_name");
                char studentSex = rs.getString ("student_sex"). charAt(0);
                //生成新的学生对象
                Student student = new Student (majorId, classId, grade, studentId,
studentNumber, className,studentName, studentSex);
                //将学生对象添加到学生数组列表中
                studentList.add (student);
            }
        } catch (SQLException e) {
            e.printStackTrace();
        }finally {
            //判定结果集和声明对象状态,如果没关闭则关闭
            try {
                if (rs!=null)
                    rs.close();
                if (stmt!=null)
                    stmt.close();
            } catch (SQLException e) {
```

```
                e.printStackTrace();
            }
        }
        //关闭数据库的连接
        DatabaseConntion.closeConnection();
        //返回获取到的学生数组列表
        return studentList;
    }
}
```

（3）学号格式化文本框显示的格式设置

在JInternalFrameStudentManagement类中，由于在学号里面要输入学生的学号信息是一个1~2位的整数，如1,7,15,30号等。简单地将年级格式的四位数字改为两位数字在本例中不实用，因为在年级的格式中#号的数量已经确定了输入数字的个数，不能根据学号的实际情况改变，如果在格式使用“##”代表需要输入两位数字，如果输入一位整数将不能正确识别，如输入学号5，将在识别时出现问题。所以我们对数字的格式需要重新设计。

设置的方法是在代码界面找到给格式化文本域对象实例化的代码：

```
jFormattedTextFieldNumber = new JFormattedTextField();
```

将其修改为如下代码：

```
//定义数字格式类对象
NumberFormat integerFieldFormatter;
//数字格式类对象赋初值
integerFieldFormatter = NumberFormat.getIntegerInstance();
//数字格式类对象小数最大位数为0，即此数字格式为整数
integerFieldFormatter.setMaximumFractionDigits(0);
//数字格式类对象小数最大位数为0，即此数字格式为整数
jFormattedTextFieldNumber = new JFormattedTextField (integerFieldFormatter);
```

这段代码可以限定输入的是整数，但是不能限制输入位数，因此给学号格式化文本框添加键盘输入侦听事件。在事件中使用以下代码，限制只能输入两个字符。

```
jFormattedTextFieldNumber.addKeyListener (new KeyAdapter() {
    @Override
```

```
        public void keyTyped (KeyEvent e) {
            // 获取输入的字符
            String s = jFormattedTextFieldNumber.getText();
            // 如果字符长度大于2, 则不显示输入的字符
            if (s.length() >= 2) e.consume();
        }
    });
```

以上两段代码的配合使用，确保了学号输入格式的正确性。

(4) 学生管理界面调用填充下拉列表方法的代码

① 学院名称下拉列表填充数据代码。与班级管理中学院名称下拉列表填充数据的方法一样，在学生管理类（JInternalFrameStudentManagement）的构造函数最后，添加调用填充学院下拉列表的语句，完成界面初始显示时，对学院下拉列表的填充，代码如下。

```
public JInternalFrameStudentManagement() {
    ...
    FillComboBox.fillComboBoxCollege (jComboBoxCollege);
}
```

② 专业名称下拉列表填充数据代码。在学生管理类（JInternalFrameStudentManagement）中，添加学院下拉列表的列表项改变侦听事件，代码如下。

```
jComboBoxCollege.addItemListener (new ItemListener() {
    public void itemStateChanged (ItemEvent e) {
        if (e.getStateChange() == ItemEvent.DESELECTED) {
            return;
        }
        // 获取当前选择的学院信息
        College college = (College) jComboBoxCollege.getSelectedItem();
        // 如果学院不为空
        if (college!=null)
            // 填充专业表
            FillComboBox.fillComboBoxMajor (jComboBoxMajor, college);
    }
});
```

③ 班级名称下拉列表填充数据代码。

• 在专业下拉列表中选择专业以后，希望在班级下拉列表中将此专业下面的所有班级添加进去，实现此功能需要先在FillComboBox类中增加一个填充班级下拉列表的方法。参照专业下拉列表的填充代码，编写班级下拉列表填充方法。形参需要有两个参数：一个是需要填充的班级下拉列表，另一个是专业信息。

代码实现如下。

```
public static void fillComboBoxClass(
                    JComboBox<ClassInfo> jComboBoxClass, Major major) {
    // 将班级下拉列表所有数据清空
    jComboBoxClass.removeAllItems();
    // 从数据库中取出所有班级信息存放到班级数组列表中
    ArrayList<ClassInfo> classList = ClassAccess.getClassInfo (major);
    // 遍历专业数组列表，将专业信息添加到专业下拉列表中
    for (ClassInfo classInfo:classList) {
        jComboBoxClass.addItem (classInfo);
    }
}
```

代码编写完成后可能出现错误提示，错误的原因应该是类的信息没有导入，请根据提示导入相关的类即可。

• 在学生管理类（JInternalFrameStudentManagement）中，专业下拉列表中选择专业以后，想要在班级名称下拉列表中将此专业下面的所有班级显示出来，则代码如下。

```
jComboBoxMajor.addItemListener (new ItemListener() {
    public void itemStateChanged (ItemEvent e) {
        if (e.getStateChange() == ItemEvent.DESELECTED) {
            return;
        }
        // 获取当前选择的专业
        Major major = ((Major) jComboBoxMajor.getSelectedItem());
        // 如果专业不为空
        if (major != null)
            // 填充班级下拉列表
```

```
            FillComboBox.fillComboBoxClass (jComboBoxClass, major);
        }
    });
```

（5）表格数据填充代码

在班级下拉列表中选择班级以后，希望在学生表格中将此班级下面的所有学生显示出来。实现这个功能要在代码界面创建一个私有的、无返回值的方法fillTable，方法需要传递一个班级类型的形参。方法实现的代码如下。

```
    private void fillTable (ClassInfo classInfo) {
        // 定义DefaultTableModel类对象并赋值为jTableClass的模型
        DefaultTableModel defaultTableModel = (DefaultTableModel)
jTableStudent.getModel();
        // 设置表格当前行数为0
        defaultTableModel.setRowCount(0);
        // 调用函数从数据库中获取班级信息，并将数据存储在数组列表中
        ArrayList<Student> studentList = StudentAccess.getStudent (classInfo);
        // 遍历班级数组列表
        for (Student student: studentList) {
            // 定义向量对象
            Vector<String> vector = new Vector<String>();
            // 将学生编号添加到向量中
            vector.add (student.getStudentId() + "");
            // 将班级名称添加到向量中
            vector.add (student.getClassName());
            // 将学号添加到向量中
            vector.add (student.getStudentNumber() + "");
            // 判定性别给sex变量赋值
            String sex;
            if (student.getStudentSex() == 'M')
                sex = "男";
            else
                sex = "女";
            // 将性别添加到向量中
            vector.add (sex);
```

```
        //将姓名添加到向量中
        vector.add (student.getStudentName());
        //将向量作为一行数据添加到表中
        defaultTableModel.addRow (vector);
    }
}
```

在班级下拉列表中添加数据项改变侦听事件，代码如下。

```
jComboBoxClass.addItemListener (new ItemListener() {
    public void itemStateChanged (ItemEvent e) {
        if (e.getStateChange() == ItemEvent.DESELECTED) {
            return;
        }
        // 获取当前选择的班级
        ClassInfoclassInfo = (ClassInfo) jComboBoxClass.getSelectedItem();
        // 班级不为空则填充学生表
        if (classInfo!=null)
            fillTable (classInfo);
    }
});
```

（6）单选框的分组

在本例中使用了一个新的控件——单选按钮（JRadioButton），单选按钮就是在给定的多个选择项中选择一个，并且只能选择一个。现在我们在界面上添加了两个单选按钮控件，这两个单选按钮控件只有位于同一个ButtonGroup按钮组中，才能实现在多个选择项中选择一个，并且只能选择一个的要求；不在按钮组中的JRadioButton也就失去了单选按钮的意义。在同一个ButtonGroup按钮组中的单选按钮，只能有一个单选按钮被选中。

下面用代码将两个单选按钮划分到同一个按钮组。先在代码编写界面找到单选按钮的定义及属性设置语句，在这些代码的后面编写如下代码：

```
……
ButtonGroup buttonGroupSex = new ButtonGroup();
buttonGroupSex.add (jRadioButtonMale);
buttonGroupSex.add (jRadioButtonFemale);
……
```

(7) 增加按钮代码

增加按钮是将控件中填写的学生数据增加到数据库的学生表中。代码的大部分流程与班级管理的流程基本一致，只有在学号的查重时与以往的查重流程有一些差别。在学生信息查重过程中，主要查询学号在班级内是否重复，因此查重范围只在当前表格中查询即可。流程了解清楚以后，开始编写代码，具体代码如下。

```
jButtonAdd.addActionListener (new ActionListener() {
    public void actionPerformed (ActionEvent e) {
        //判定输入的学号内容为空
        if (jFormattedTextFieldNumber.getText().trim().equals("")) {
            //若不正确,显示提示信息后退出
            JOptionPane.showMessageDialog (null, "请输入学号", "错误信息",
JOptionPane.ERROR_MESSAGE);
            //学号格式化文本框获得焦点
            jFormattedTextFieldNumber.requestFocus();
            return;
        }
        // 获取学号
        int number = Integer.parseInt (jFormattedTextFieldNumber.getText().trim());
        //判定学号格式
        if (number<=0) {
            //若不正确,显示提示信息后退出
            JOptionPane.showMessageDialog (null, "请输入有效的学号", "错误信息",
JOptionPane.ERROR_MESSAGE);
            //学号格式化文本框获得焦点
            jFormattedTextFieldNumber.requestFocus();
            //学号格式化文本框全选
            jFormattedTextFieldNumber.selectAll();
            return;
        }
        // 获取姓名信息
        String name = jTextFieldName.getText();
        //姓名不能为空
        if (name.equals("")) {
```

```
            //若不正确，显示提示信息后退出
            JOptionPane.showMessageDialog (null, "请输入姓名！ ", "错误信息",
JOptionPane.ERROR_MESSAGE);
            //姓名文本框获得焦点
            jTextFieldName.requestFocus();
            return;
        }
        //姓名长度超出范围
        if (name.length() > 30) {
            //若不正确，显示提示信息后退出
            JOptionPane.showMessageDialog (null, "请输入的姓名位数小于等于30! ",
"错误信息", JOptionPane.ERROR_MESSAGE);
            //姓名文本框获得焦点
            jTextFieldName.requestFocus();
            //姓名文本框全选
            jTextFieldName.selectAll();
            return;
        }
        char sex;
        // 如果单选框选择男，sex赋值'M'，否则赋值'F'
        if (jRadioButtonMale.isSelected())
            sex = 'M';
        else
            sex = 'F';
        // 获取当前表格中的行数
        int rowcount = jTableStudent.getRowCount();
        // 遍历表格中的数据
        for (int i = 0; i<rowcount; i++) {
            // 获取当前行的学号信息
            int stuNumber = Integer.parseInt (jTableStudent.getValueAt (i, 2). toString());
            // 学号重复
            if (number == stuNumber) {
                // 若不正确，显示提示信息后退出
```

```
            JOptionPane.showMessageDialog (null, "学号重复,请重新输入！", "错误信息", JOptionPane.ERROR_MESSAGE);
            //学号格式化文本框获得焦点
            jFormattedTextFieldNumber.requestFocus();
            //学号格式化文本框全选
            jFormattedTextFieldNumber.selectAll();
            return;
        }
    }
    //获取当前选择的班级
    ClassInfoclassInfo = ((ClassInfo) jComboBoxClass.getSelectedItem());
    //获取班级的编号
    int classId = classInfo.getClassId();
    //生成新学生对象
    Student student = new Student (classId, number, name, sex);
    //将学生信息插入数据库
    int r = StudentAccess.insert (student);
    //根据插入结果显示对应提示信息
    if (r > 0) {
        JOptionPane.showMessageDialog (null, "数据添加成功！", "提示信息", JOptionPane.INFORMATION_MESSAGE);
        fillTable (classInfo);
    } else {
        JOptionPane.showMessageDialog (null, "数据添加失败，请联系系统管理员！", "错误信息", JOptionPane.ERROR_MESSAGE);
    }
}
});
```

(8) 学生信息修改

学生信息修改的功能设计流程如下。

① 先在表格中选择要修改的学生，将学生的信息复制到上面对应的文本框控件中；

② 在文本域中修改学生字段信息；

③ 点击修改按钮后，进行数据有效性的校验；

④ 将修改后的结果保存到数据库中。

根据修改流程，首先要编写表格选择的数据行发生变化的侦听事件，代码如下。

```
    jTableStudent.getSelectionModel().addListSelectionListener (new
ListSelectionListener() {
        @Override
        public void valueChanged (ListSelectionEvent e) {
            // 获取确定选中的行
            int row = jTableStudent.getSelectedRow();
            // 如果有选中的行
            if (row != -1) {
                // 获取学号信息
                String number = jTableStudent.getValueAt (row, 2). toString();
                // 获取性别信息
                String sex = jTableStudent.getValueAt (row, 3). toString();
                // 获取姓名信息
                String name = jTableStudent.getValueAt (row, 4). toString();
                // 学号格式化文本框赋值
                jFormattedTextFieldNumber.setText (number);
                // 姓名文本框赋值
                jTextFieldName.setText (name);
                // 性别单选按钮赋值
                if (sex.equals ("F"))
                    jRadioButtonFemale.setSelected (true);
                else
                    jRadioButtonMale.setSelected (true);
                } else {
                // 学号格式化文本框清空
                jFormattedTextFieldNumber.setText ("");
                // 姓名文本框清空
                jTextFieldName.setText ("");
                // 性别单选按钮初始化
                jRadioButtonMale.setSelected (true);
```

```
            jRadioButtonFemale.setSelected (false);
        }
    }
});
```

将这段代码放到表格其他属性设置代码之后，即可完成在表格中选择不同的行时将选择的学生信息在界面上对应控件中显示出来。

接下来完成修改按钮的设计，代码如下。

```
jButtonModify.addActionListener (new ActionListener() {
    public void actionPerformed (ActionEvent e) {
        //判定输入的学号内容为空
        if (jFormattedTextFieldNumber.getText().trim().equals("")) {
            //若不正确，显示提示信息后退出
            JOptionPane.showMessageDialog (null, "请输入学号", "错误信息",
JOptionPane.ERROR_MESSAGE);
            //学号格式化文本框获得焦点
            jFormattedTextFieldNumber.requestFocus();
            return;
        }
        //获取学号
        int number = Integer.parseInt(jFormattedTextFieldNumber.getText().trim());
        //判定学号格式
        if (number == 0) {
            //若不正确，显示提示信息后退出
            JOptionPane.showMessageDialog (null, "请输入有效的学号", "错误信息",
JOptionPane.ERROR_MESSAGE);
            //学号格式化文本框获得焦点
            jFormattedTextFieldNumber.requestFocus();
            //学号格式化文本框全选
            jFormattedTextFieldNumber.selectAll();
            return;
        }
        //获取姓名信息
        String name = jTextFieldName.getText();
```

```
        //姓名不能为空
        if (name.equals("")) {
            //若不正确，显示提示信息后退出
            JOptionPane.showMessageDialog (null, "请输入姓名！", "错误信息",
JOptionPane.ERROR_MESSAGE);
            //姓名文本框获得焦点
            jTextFieldName.requestFocus();
            return;
        }
        //姓名长度超出范围
        if (name.length() > 30) {
            //若不正确，显示提示信息后退出
            JOptionPane.showMessageDialog (null, "请输入的姓名位数小于等于30！",
"错误信息", JOptionPane.ERROR_MESSAGE);
            //姓名文本框获得焦点
            jTextFieldName.requestFocus();
            //姓名文本框全选
            jTextFieldName.selectAll();
            return;
        }
        char sex;
        //如果单选框选择男，sex赋值'M'，否则赋值'F'
        if (jRadioButtonMale.isSelected())
            sex = 'M';
        else
            sex = 'F';
        //获取表格中当前选中的行
        int selectedRow = jTableStudent.getSelectedRow();
        //判定表格中是否选定了行
        if (selectedRow == -1) {
            JOptionPane.showMessageDialog (null, "请选择要修改的记录！", "错误信
息", JOptionPane.ERROR_MESSAGE);
            return;
        }
```

```
        //获取当前表格中的行数
        int rowcount = jTableStudent.getRowCount();
        //遍历表格中的数据
        for (int i = 0; i<rowcount; i++) {
            //获取当前行的学号信息
            int stuNumber = Integer.parseInt (jTableStudent.getValueAt(i, 2).toString());
            //学号重复
            if (number == stuNumber&&i != selectedRow) {
                //若不正确,显示提示信息后退出
                JOptionPane.showMessageDialog (null, "学号重复,请重新输入! ", "错
误信息", JOptionPane.ERROR_MESSAGE);
                //学号格式化文本框获得焦点
                jFormattedTextFieldNumber.requestFocus();
                //学号格式化文本框全选
                jFormattedTextFieldNumber.selectAll();
                return;
            }
        }
        //获取当前选择的班级
        ClassInfoclassInfo = ((ClassInfo) jComboBoxClass.getSelectedItem());
        //获取班级的编号
        int classId = classInfo.getClassId();
        int studentId = Integer.parseInt (jTableStudent.getValueAt (selectedRow, 0).
toString());
        //生成新学生对象
        Student student = new Student (classId, studentId, number, name, sex);
        int r = StudentAccess.update (student);
        //根据数据库修改的结果显示对应信息
        if (r > 0) {
            JOptionPane.showMessageDialog (null, "数据修改成功! ", "提示信息",
JOptionPane.INFORMATION_MESSAGE);
            fillTable (classInfo);
        } else {
            JOptionPane.showMessageDialog (null, "数据修改失败, 请联系系统管理
```

```
员！", "错误信息", JOptionPane.ERROR_MESSAGE);
            }
        }
    });
```

(9) 学生信息删除按钮代码

删除按钮的代码与班级管理界面中的删除代码比较类似，下面我们直接来看一下它的实现代码。

```
jButtonDelete.addActionListener(new ActionListener() {
    public void actionPerformed(ActionEvent e) {
        // 获取当前选中的行
        int selectedRow = jTableStudent.getSelectedRow();
        // 判定表格中是否选定了行
        if (selectedRow == -1) {
            JOptionPane.showMessageDialog(null, "请选择要删除的记录！", "错误信
息", JOptionPane.ERROR_MESSAGE);
            return;
        }
        // 二次确认
        int r =JOptionPane.showConfirmDialog(null, "确认要删除当前记录么？", "确
认信息", JOptionPane.YES_NO_OPTION);
        // 选择了确定删除
        if (r == 0) {
            // 获取学生编号
            int id = Integer.parseInt(jTableStudent.getValueAt(selectedRow, 0).
toString());
            // 删除学生信息
            int re = StudentAccess.delete(id);
            // 判定是否删除了数据,并显示对应信息
            if (re > 0) {
                JOptionPane.showMessageDialog(null, "数据删除成功！", "提示信息",
JOptionPane.INFORMATION_MESSAGE);
                // 获取当前选择的班级
                ClassInfo classInfo = ((ClassInfo)
```

```
                jComboBoxClass.getSelectedItem());
            //填充学生表
            fillTable(classInfo);
        } else {
            JOptionPane.showMessageDialog(null, "数据删除失败，请联系系统管理员！", "错误信息", JOptionPane.ERROR_MESSAGE);
        }
    }
  }
});
```

(10) 退出按钮代码

退出按钮代码比较简单，关闭当前框架即可，代码如下。

```
jButtonExit.addActionListener(new ActionListener() {
  public void actionPerformed(ActionEvent e) {
    dispose();
  }
});
```

(11)主界面调用学生管理界面

在主界面中,为学生管理菜单项添加活动侦听事件,用于调用学生管理功能界面,代码如下。

```
jMenuItemStudentManagement.addActionListener(new ActionListener() {
  public void actionPerformed(ActionEvent e) {
    JInternalFrameStudentManagement jInternalFrameStudentManagement = new JInternalFrameStudentManagement();
    jInternalFrameStudentManagement.setVisible(true);
    desktopPane.add(jInternalFrameStudentManagement);
  }
});
```

以上代码已经完成了学生管理的功能，请读者自行运行程序，测试功能的正确性。

第5章　教学计划管理

在成绩管理系统中，基础数据包含两大分支：一个分支是学生的信息，另一个分支是课程的信息。在上一个单元，已经将学生分支的基础数据按照他们的所属关系完成了管理。在本单元中主要完成课程数据的管理，为下一个单元成绩管理打好基础。

教学计划（课程计划）是课程设置的整体规划，对学校的教学、生产劳动、课外活动等做出全面安排，具体规定了专业应设置的课程、课程开设的顺序及课时分配等。教学计划、教学大纲和教科书互相联系，共同反映教学内容。

教学计划管理阶段主要实现教学方案设置、课程管理和年级选课三个功能模块。首先在主界面中完成教学计划管理的菜单设计，设计的过程请参照3.2.1节主界面的界面设计中用户管理菜单及其下面的菜单项的操作步骤，教学计划管理菜单由1个菜单和3个菜单项构成，布局如图5.1所示。

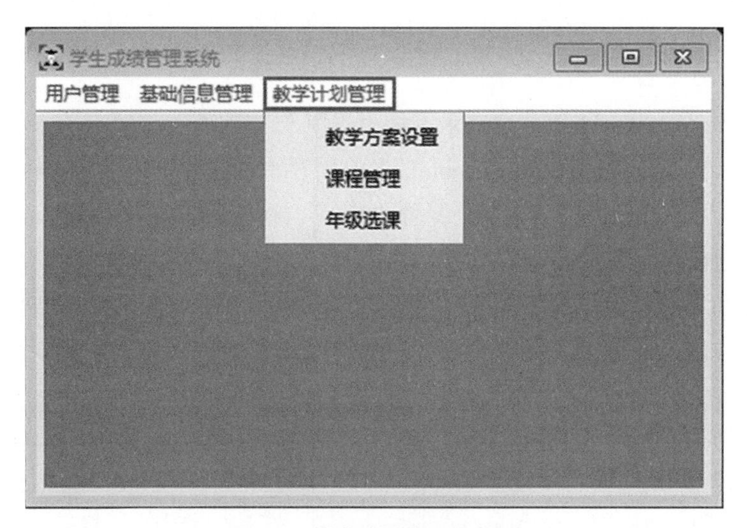

图5.1　教学计划管理的菜单

各控件的属性修改情况如表5.1所列。

表5.1　教学计划管理菜单各控件属性设置

控件类型	控件名	属性	值
菜单（JMenu）	jMenuPlanManagement	text	教学计划管理
菜单项（JMenuItem）	jMenuItemPlanManagement	text	教学方案设置
	jMenuItemCourseManagement	text	课程管理
	jMenuItemGradeCourse	text	年级选课

下面详细介绍各功能界面的具体实现过程。

5.1　教学方案设置

教学方案设置是针对各部门的不同专业设置不同的教学方案。在学校中，学生学习的课程不是完全相同的。不同部门、专业的课程差别很大，不同专业的学生学习的课程是不同的，甚至同一专业不同年级的学生学习的课程也经常是不同的。而在同一专业中，同一年级的不同班级学习的课程基本上是一致的，甚至同一专业几个年级内学习的课程都是一致的。因此课程数据不能简单管理。需要先根据不同的专业管理教学方案的一些基本信息。

5.1.1　表与视图的创建

教学方案表是用来存放教学方案相关信息的。教学方案表与专业表存在主从关系，下面介绍一下教学方案表与视图的创建。

（1）教学方案表

① 打开MySQL Workbench并登录本地MySQL数据库。

② 鼠标右键单击table→create table...菜单项开始创建数据表。

③ 在表名文本框中输入当前的表名“plan”，在注释文本框内输入当前表的注释信息“教学方案”。

④ 教学方案表由教学方案编号、专业编号和教学方案名称三个字段构成，具体结构如表5.2所列。

表5.2　教学方案表结构

字段名	数据类型	长度	小数位	主键	非空	自增	备注
plan_id	INT			是	是	是	教学方案编号
major_id	INT				是		专业编号
plant_name	VARCHAR	50			是		教学方案名称

教学方案表的创建结果如图5.2所示。

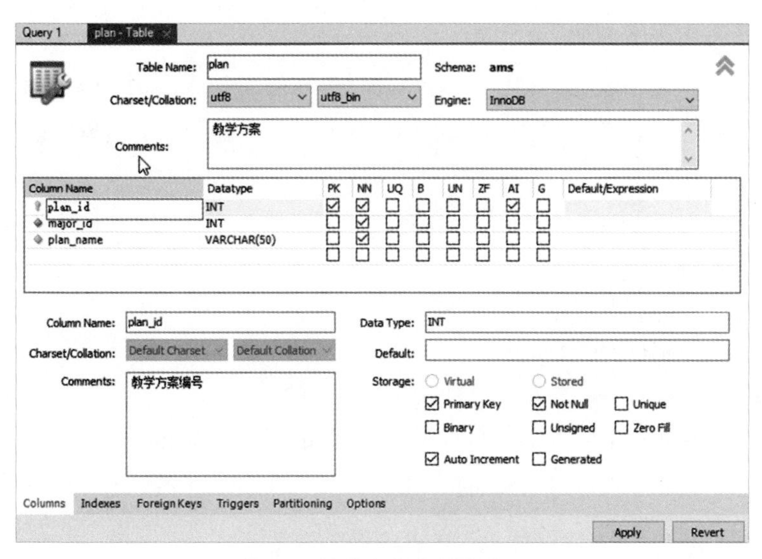

图5.2　教学方案表创建明细

⑤ 填写完成后，点击“Apply”按钮，然后根据提示依次点击对应按钮完成教学方案表的创建。

（2）专业表与教学方案表之间的主外键关联

根据上文的分析，一个专业下面有多个教学方案，专业表与教学方案表之间的关系是一对多的关系，通过专业编号进行关联。下面来创建一下教学方案表与专业表的外键关联。

在教学方案表的设计界面，点击Foreign Keys标签页，创建教学方案表与专业表的主外键关联，创建外键名fk_major_plan，参考表选择major，参考列选择major_id，点击“Apply”按钮。弹出创建上述操作所使用的SQL命令。确认后继续点击“Apply”按钮开始创建外键，如图5.3所示。

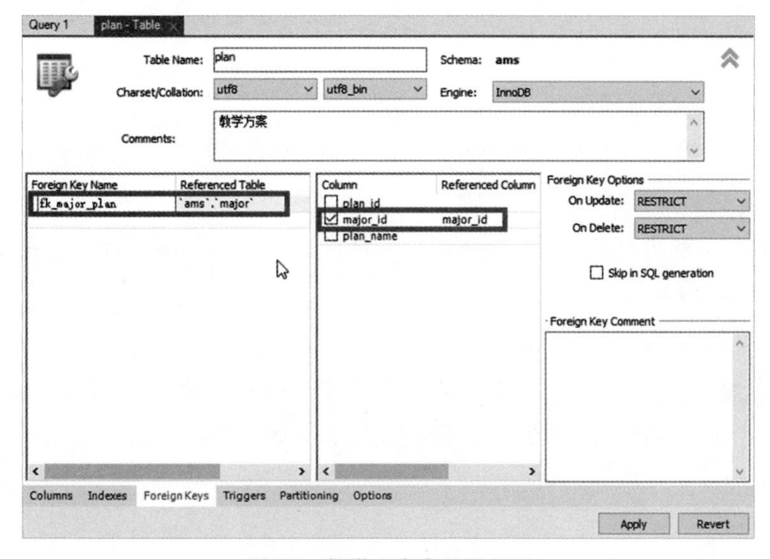

图5.3　教学方案表外键创建

（3）教学方案视图创建

专业表与教学方案表是通过专业编号进行关联的主子表。为了方便展示两个表中的数据，我们创建了教学方案视图将两个表连接起来。视图的创建SQL语句如下。

```
CREATE VIEW `ams`.`view_plan` AS
    SELECT
        `ams`.`plan`.`major_id` AS `major_id`,
        `ams`.`major`.`college_id` AS `college_id`,
        `ams`.`major`.`major_name` AS `major_name`,
        `ams`.`major`.`length_of_schooling` AS `length_of_schooling`,
        `ams`.`plan`.`plan_id` AS `plan_id`,
        `ams`.`plan`.`plan_name` AS `plan_name`
    FROM
        (`ams`.`plan`
        JOIN `ams`.`major`)
    WHERE
        (`ams`.`plan`.`major_id` = `ams`.`major`.`major_id`)
```

上述语句完成了教学方案管理所涉及的数据表及视图的创建。

5.1.2 界面设计

① 在项目的view包内添加一个"JInternalFrame"类型的窗体。名称为"JInternalFramePlanManagement"。修改界面的title属性为教学方案管理。在属性窗体分别选择关闭（closable）、最小化（iconifiable）属性，设置它们的显示属性为真。修改子框架内容面板，将其布局属性设置为绝对布局（absolute）。

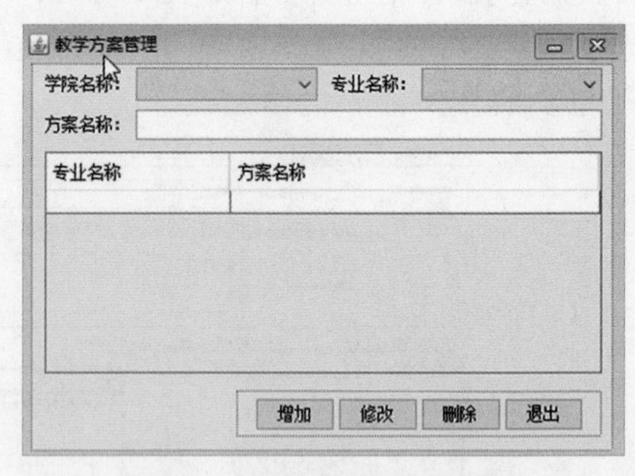

图5.4 教学方案管理界面布局

教学方案管理界面由3个标签框、2个下拉列表框、1个文本框、1个滚动面板控件（JScrollPane）、1个放置在滚动面板上的表格控件（JTable）及4个按钮控件构成，布局如图5.4所列。

② 其他控件的属性修改情况如表5.3所列。

表5.3 教学方案管理界面各控件属性设置

控件类型	控件名	属性	值	备注
标签（JLable）	jLabelCollegeName	text	学院名称：	
	jLabelMajorName	text	专业名称：	
	jLabelPlan	text	方案名称：	
文本框（JTextField）	jTextFieldPlan	text		方案名称文本框
		columns	50	
下拉列表（JComboBox）	jComboBoxCollege			学院名称下拉列表
	jComboBoxMajor			专业名称下拉列表
表格（JTable）	jTablePlan			教学方案表格
按钮（JButton）	jButtonAdd	text	增加	
	jButtonModify	text	修改	
	jButtonDelete	text	删除	
	jButtonExit	text	退出	

教学方案表格由3列构成，各列的相关属性如表5.4所列。

表5.4 教学方案表格各列属性设置

Title	Pref.width	Min.width	Max.width	editable
方案编号	0	0	0	未选中
专业名称	100	50	200	未选中
方案名称	200	100	400	未选中

5.1.3 功能代码

框架布局设计完成以后，下面开始进行编码工作。

（1）教学方案模型类（Plan类）

在项目源代码包内的model包内新建一个教学方案模型，将教学方案类的名字命名为“Plan”。在类中根据view_plan视图的结构，类中创建四个整型私有字段collegeId、majorId、lengthOfSchooling和planId，以及两个字符串型私有字段majorName、planName。为类添加一个对所有的字段赋值构造方法，一个对majorId、PlanName字段赋值构造方法和一个对majorId、planId、PlanName字段赋值构造方法。由于所有的字段都是私有的，再添加对字段进行读写操作的get、set方法，最后覆盖Object类的toString方法，返回教学方案名称的值，代码如下。

```
package model;

public class Plan {
    private int collegeId, majorId, lengthOfSchooling, planId;
    private String majorName, planName;
    public Plan (int collegeId, int majorId, int lengthOfSchooling, int planId, String
majorName, String planName) {
        super();
        this.collegeId = collegeId;
        this.majorId = majorId;
        this.lengthOfSchooling = lengthOfSchooling;
        this.planId = planId;
        this.majorName = majorName;
        this.planName = planName;
    }
    public Plan (int majorId, String planName) {
        super();
        this.majorId = majorId;
        this.planName = planName;
    }
    public Plan (int majorId, int planId, String planName) {
        super();
        this.majorId = majorId;
        this.planId = planId;
        this.planName = planName;
    }
    public int getCollegeId() {
        return collegeId;
    }
    public void setCollegeId (int collegeId) {
        this.collegeId = collegeId;
```

```
    }
    public int getMajorId() {
        return majorId;
    }
    public void setMajorId (int majorId) {
        this.majorId = majorId;
    }
    public int getLengthOfSchooling() {
        return lengthOfSchooling;
    }
    public void setLengthOfSchooling (int lengthOfSchooling) {
        this.lengthOfSchooling = lengthOfSchooling;
    }
    public int getPlanId() {
        return planId;
    }
    public void setPlanId (int planId) {
        this.planId = planId;
    }
    public String getMajorName() {
        return majorName;
    }
    public void setMajorName (String majorName) {
        this.majorName = majorName;
    }
    public String getPlanName() {
        return planName;
    }
    public void setPlanName (String planName) {
        this.planName = planName;
    }
    @Override
    public String toString() {
        return planName;
```

```
    }
}
```

（2）教学方案数据访问类（PlanAccess类）

在dao包下创建一个新类，用于实现对数据库中Plan表的访问操作。类中方法的设计与MajorAccess类的设计基本一致，在此省略流程分析，直接来看源代码，具体的代码如下。

```
package dao;

import java.sql.Connection;
import java.sql.ResultSet;
import java.sql.SQLException;
import java.sql.Statement;
import java.util.ArrayList;
import model.Plan;
import model.Major;

public class PlanAccess {
    public static int insert (Plan plan){
        String sql="INSERT INTO plan (major_id, plan_name) VALUES
("+plan.getMajorId()+", '"+plan.getPlanName()+"')";
        return DBUtils.executeUpdate ( sql);
    }

    public static int update (Plan plan){
        String sql="UPDATE plan SET plan_name = '"+plan.getPlanName()
                +"' WHERE (plan_id = "+plan.getPlanId()+")";
        return DBUtils.executeUpdate (sql);
    }

    public static int delete (int id){
        String sql="DELETE FROM plan WHERE (plan_id = "+id+")";
        return DBUtils.executeUpdate (sql);
    }
```

```
/**
 * 根据专业信息返回数据库中的教学方案信息
 * @param major 专业信息
 * @return 教学方案类型的数组列表
 */
public static ArrayList<Plan> getPlan (Major major) {
    // 定义字符串变量并给其赋初值为从教学方案视图查询数据的SQL语句
    String sql;
    sql = "SELECT * FROM view_plan";
    // 判定传递的专业类型对象不为空
    if (major != null)
        // 生成查询的条件语句，并与sql字符串连接
        sql += " WHERE major_id=" + major.getMajorId();
    // 将变量sql传递到Query方法中，查询出满足条件的教学方案数据并返回
    return Query (sql);
}
/**
 * 根据查询条件返回数据库中的教学方案信息
 * @param condition查询条件
 * @return教学方案类型的数组列表
 */
public static ArrayList<Plan> getPlanByCondition (String condition){
    // 定义字符串变量sql
    String sql;
    // 判定传递的查询条件字符串为空
    if (condition==null)
        // 返回空
        return null;
    // 根据查询条件，生成查询教学方案视图的Select语句，给sql变量赋值
    sql = "SELECT * FROM view_plan WHERE "+condition;
    // 将变量sql传递到Query方法中,查询出满足条件的教学方案数据并返回
    return Query (sql);
}
```

```
private static ArrayList<Plan> Query (String sql) {
    //定义声明对象,并获取数据库的连接
    Connection conn = DatabaseConntion.getConnection();
    //定义数据库声明对象和结果集对象
    Statement stmt = null;
    ResultSet rs = null;
    //定义教学方案类型的数组列表对象
    ArrayList<Plan> planList = null;
    try {
        //声明对象初始化
        stmt = conn.createStatement();
        //执行SQL语句,返回结果给结果集对象
        rs = stmt.executeQuery (sql);
        //教学方案类型的数组列表初始化
        planList = new ArrayList<Plan>();
        //遍历结果集
        while (rs.next()) {
            //取出当前记录的教学方案信息
            int collegeId = rs.getInt ("college_id");
            int majorId = rs.getInt ("major_id");
            String majorName = rs.getString ("major_name");
            int lengthOfSchooling = rs.getInt ("length_of_schooling");
            int planId = rs.getInt ("plan_id");
            String planName = rs.getString ("plan_name");
            //生成新的教学方案对象
            Plan plan = new Plan (collegeId, majorId, lengthOfSchooling,
                                  planId, majorName, planName);
            //将教学方案对象添加到教学方案数组列表中
            planList.add (plan);
        }
    } catch (SQLException e) {
        e.printStackTrace();
    }finally {
        //判定结果集和声明对象状态,如果没关闭则关闭
```

```
            try {
                if (rs!=null)
                    rs.close();
                if (stmt!=null)
                    stmt.close();
            } catch (SQLException e) {
                e.printStackTrace();
            }
        }
        //关闭数据库的连接
        DatabaseConntion.closeConnection();
        //返回获取到的教学方案数组列表
        return planList;
    }
}
```

（3）教学方案管理界面调用填充下拉列表方法的代码

① 学院名称下拉列表填充数据代码。在教学方案管理类（JInternalFramePlanManagement）的构造函数最后，添加调用填充学院下拉列表的语句，完成界面初始显示时，对学院下拉列表的填充，代码如下。

```
public JInternalFramePlanManagement() {
    ……
    FillComboBox.fillComboBoxCollege (jComboBoxCollege);
}
```

② 专业名称下拉列表填充数据代码。在教学方案管理类（JInternalFramePlanManagement）中，添加学院下拉列表的列表项改变侦听事件，代码如下。

```
jComboBoxCollege.addItemListener (new ItemListener() {
    public void itemStateChanged (ItemEvent e) {
        if (e.getStateChange() == ItemEvent.DESELECTED) {
            return;
        }
        //获取当前选择的学院信息
        College college = (College) jComboBoxCollege.getSelectedItem();
```

```
    //如果学院不为空
    if (college!=null)
        //填充专业表
        FillComboBox.fillComboBoxMajor (jComboBoxMajor, college);
    }
});
```

(4) 表格数据填充代码

在专业下拉列表中选择专业以后，希望在教学方案表格中将此专业下面的所有教学方案显示出来。实现这个功能要在代码界面创建一个私有的、无返回值的方法fillTable，方法需要传递一个专业类型的形参。方法实现的代码如下。

```
private void fillTable (Major major) {
    //定义DefaultTableModel类对象并赋值为jTablePlan的模型
    DefaultTableModel defaultTableModel = (DefaultTableModel)
jTablePlan.getModel();
    //设置表格当前行数为0
    defaultTableModel.setRowCount (0);
    //调用函数从数据库中获取教学方案信息,并将数据存储在数组列表中
    ArrayList<Plan> planList = PlanAccess.getPlan (major);
    //遍历教学方案数组列表
    for (Plan plan: planList) {
        //定义向量对象
        Vector<String> vector = new Vector<String>();
        //将教学方案编号添加到向量中
        vector.add (plan.getPlanId() + "");
        //将专业名称添加到向量中
        vector.add (plan.getMajorName());
        //将教学方案名称添加到向量中
        vector.add (plan.getPlanName());
        //将向量作为一行数据添加到表中
        defaultTableModel.addRow (vector);
    }
}
```

在专业下拉列表中添加数据项改变侦听事件，代码如下。

```
jComboBoxMajor.addItemListener (new ItemListener() {
    public void itemStateChanged (ItemEvent e) {
        if (e.getStateChange() == ItemEvent.SELECTED) {
            // 获取当前选择的专业
            Major major = ((Major) jComboBoxMajor.getSelectedItem());
            // 如果专业不为空
            if (major != null)
                // 填充教学方案表
                fillTable (major);
        }
    }
});
```

（5）增加按钮代码

增加按钮是将控件中填写的教学方案数据增加到数据库的Plan表中。代码中要注意在教学方案的查重时，查重范围需要在Plan表中查询。其他代码流程和以往的增加代码流程基本类似，下面来看一下具体代码。

```
jButtonAdd.addActionListener (new ActionListener() {
    public void actionPerformed (ActionEvent e) {
        // 获取教学方案名称信息
        String name = jTextFieldPlan.getText();
        // 教学方案名称不能为空
        if (name.equals ("")) {
            // 不正确显示提示信息后退出
            JOptionPane.showMessageDialog (null, "请输入教学方案名称！", "错误信
息", JOptionPane.ERROR_MESSAGE);
            // 教学方案文本框获得焦点
            jTextFieldPlan.requestFocus();
            return;
        }
        // 教学方案名称长度超出范围
        if (name.length() > 50) {
            // 不正确显示提示信息后退出
            JOptionPane.showMessageDialog (null, "请输入的教学方案名称的位数小
```

```
于等于50！","错误信息", JOptionPane.ERROR_MESSAGE);
            //教学方案文本框获得焦点
            jTextFieldPlan.requestFocus();
            //教学方案文本框全选
            jTextFieldPlan.selectAll();
            return;
        }
        //设置查询条件
        String condition = " plan_name='" + name + "'";
        //根据查询条件,查询数据库数据
        ArrayList<Plan> planList = PlanAccess.getPlanByCondition (condition);
        //如果有查询结果
        if (planList.size() > 0) {
            //若不正确,显示提示信息后退出
            JOptionPane.showMessageDialog (null, "教学方案名称重复,请重新输入！",
"错误信息", JOptionPane.ERROR_MESSAGE);
            //教学方案文本框获得焦点
            jTextFieldPlan.requestFocus();
            //教学方案文本框全选
            jTextFieldPlan.selectAll();
            return;
        }
        //获取当前选择的专业
        Major major = ((Major) jComboBoxMajor.getSelectedItem());
        //获取专业的编号
        int majorId = major.getMajorId();
        //生成新教学方案对象
        Plan plan = new Plan (majorId, name);
        //将教学方案信息插入数据库
        int r = PlanAccess.insert (plan);
        //根据插入结果显示对应提示信息
        if (r > 0) {
            JOptionPane.showMessageDialog (null, "数据添加成功！", "提示信息",
JOptionPane.INFORMATION_MESSAGE);
```

```
            fillTable(major);
        } else {
            JOptionPane.showMessageDialog (null, "数据添加失败，请联系系统管理员！", "错误信息", JOptionPane.ERROR_MESSAGE);
        }
    }
});
```

(6) 教学方案信息修改

教学方案信息修改的功能设计流程如下。

① 先在表格中选择要修改的教学方案，将教学方案的信息复制到上面对应的文本框控件中；

② 在文本域中修改教学方案字段信息；

③ 点击修改按钮后，进行数据有效性的校验；

④ 将修改后的结果保存到数据库中。

根据修改流程，首先要编写表格选择的数据行发生变化的侦听事件，代码如下。

```
jTablePlan.getSelectionModel().addListSelectionListener (new ListSelectionListener() {
    @Override
    public void valueChanged (ListSelectionEvent e) {
        // 确定选中的行
        int row = jTablePlan.getSelectedRow();
        // 如果有选中的行
        if (row != -1) {
            // 获取教学方案名称信息
            String name = (String) jTablePlan.getValueAt (row, 2);
            // 教学方案名称文本框赋值
            jTextFieldPlan.setText (name);
        } else {
            // 教学方案名称文本框清空
            jTextFieldPlan.setText ("");
        }
    }
});
```

将这段代码放到表格其他属性设置代码之后，即可完成在表格中选择不同的行时将选择的教学方案信息在界面上对应控件中显示出来。

接下来完成修改按钮的设计，代码如下。

```
jButtonModify.addActionListener (new ActionListener() {
    public void actionPerformed (ActionEvent e) {
        // 获取教学方案名称信息
        String name = jTextFieldPlan.getText();
        // 教学方案名称不能为空
        if (name.equals ("")) {
            // 若不正确，显示提示信息后退出
            JOptionPane.showMessageDialog (null, "请输入教学方案名称！", "错误信
息", JOptionPane.ERROR_MESSAGE);
            // 教学方案文本框获得焦点
            jTextFieldPlan.requestFocus();
            return;
        }
        // 教学方案名称长度超出范围
        if (name.length() > 50) {
            // 若不正确，显示提示信息后退出
            JOptionPane.showMessageDialog (null, "输入的教学方案名称的位数小于
等于50！", "错误信息", JOptionPane.ERROR_MESSAGE);
            // 教学方案文本框获得焦点
            jTextFieldPlan.requestFocus();
            // 教学方案文本框全选
            jTextFieldPlan.selectAll();
            return;
        }
        // 获取表格中当前选中的行
        int selectedRow = jTablePlan.getSelectedRow();
        // 判定表格中是否选定了行
        if (selectedRow == -1) {
            JOptionPane.showMessageDialog (null, "请选择要修改的记录！", "错误信
息", JOptionPane.ERROR_MESSAGE);
```

```
        return;
    }
    // 获取当前选中的教学方案编号
    int planId = Integer.parseInt (jTablePlan.getValueAt (selectedRow, 0).
toString());
    // 设置查询条件
    String condition=" plan_name='"+ name + "' and plan_id!=" + planId;
    // 根据查询条件,查询数据库数据
    ArrayList<Plan> planList = PlanAccess.getPlanByCondition (condition);
    // 如果有查询结果
    if (planList.size() > 0) {
        // 若不正确, 显示提示信息后退出
        JOptionPane.showMessageDialog (null, "教学方案名称重复,请重新输入! ",
"错误信息", JOptionPane.ERROR_MESSAGE);
        // 教学方案文本框获得焦点
        jTextFieldPlan.requestFocus();
        // 教学方案文本框全选
        jTextFieldPlan.selectAll();
        return;
    }
    // 获取当前选择的专业
    Major major = ((Major) jComboBoxMajor.getSelectedItem());
    // 获取专业的编号
    int majorId = major.getMajorId();
    // 生成新教学方案对象
    Plan plan = new Plan (majorId, planId, name);
    int r = PlanAccess.update (plan);
    // 根据数据库修改的结果显示对应信息
    if (r > 0) {
        JOptionPane.showMessageDialog (null, "数据修改成功! ", "提示信息",
JOptionPane.INFORMATION_MESSAGE);
        fillTable (major);
    } else {
        JOptionPane.showMessageDialog (null, "数据修改失败,请联系系统管理
```

```
员！","错误信息",JOptionPane.ERROR_MESSAGE);
            }
        }
    });
```

(7) 教学方案信息删除按钮代码

删除按钮代码与专业管理界面中的删除代码比较类似，下面我们直接来看一下它的实现代码。

```
jButtonDelete.addActionListener(new ActionListener() {
    public void actionPerformed(ActionEvent e) {
        //获取当前选中的行
        int selectedRow = jTablePlan.getSelectedRow();
        //判定表格中是否选定了行
        if(selectedRow == -1) {
            JOptionPane.showMessageDialog(null, "请选择要删除的记录！", "错误信
息", JOptionPane.ERROR_MESSAGE);
            return;
        }
        //二次确认
        int r =JOptionPane.showConfirmDialog(null, "确认要删除当前记录么？", "确
认信息", JOptionPane.YES_NO_OPTION);
        //选择了确定删除
        if(r == 0) {
            //获取教学方案编号
            int id = Integer.parseInt(jTablePlan.getValueAt(selectedRow, 0).toString());
            //删除教学方案信息
            int re = PlanAccess.delete(id);
            //判定是否删除了数据,并显示对应信息
            if(re > 0) {
                JOptionPane.showMessageDialog(null, "数据删除成功！", "提示信息",
JOptionPane.INFORMATION_MESSAGE);
                //获取当前选择的专业
                Major major = ((Major) jComboBoxMajor.getSelectedItem());
                //填充教学方案表
```

```
                fillTable (major);
            } else {
                JOptionPane.showMessageDialog (null, "数据删除失败,请联系系统管理
员! ", "错误信息", JOptionPane.ERROR_MESSAGE);
            }
        }
    }
});
```

(8) 退出按钮代码

退出按钮代码比较简单，关闭当前框架即可，代码如下。

```
jButtonExit.addActionListener (new ActionListener() {
    public void actionPerformed (ActionEvent e) {
        dispose();
    }
});
```

(9) 主界面调用教学方案管理界面

在主界面中，为教学方案设置菜单项添加活动侦听事件，用于调用教学方案管理功能界面，代码如下。

```
jMenuItemPlanManagement.addActionListener (new ActionListener() {
    public void actionPerformed (ActionEvent e) {
        JInternalFramePlanManagement jInternalFramePlanManagement = new
JInternalFramePlanManagement();
        jInternalFramePlanManagement.setVisible (true);
        desktopPane.add (jInternalFramePlanManagement);
    }
});
```

以上即为教学方案管理的功能实现。在这个功能中，由于表结构比较简单，所以本功能代码的实现都是以前功能代码的重复。请读者自行运行程序，测试功能的正确性。

5.2 课程管理

每个教学方案下都有一系列的课程，课程管理是针对不同的教学方案设置不同的课程进行管理。课程信息隶属于教学方案，避免学生对课程进行选择的时候发生混乱。下面开始课程管理功能的实现。

5.2.1 表与视图的创建

课程表用来存放课程相关信息，课程表与教学方案表存在主从关系，下面介绍一下课程表与视图的创建。

（1）课程表

① 打开MySQL Workbench并登录本地MySQL数据库。

② 鼠标右键单击table→create table...菜单项开始创建数据表。

③ 在表名文本框中输入当前的表名“course”，在注释文本框内输入当前表的注释信息“课程”。

④ 课程表由课程编号、教学方案编号、学期和课程名称四个字段构成，具体结构如表5.5所列。

表5.5 课程表结构

字段名	数据类型	长度	小数位	主键	非空	自增	备注
course_id	INT			是	是	是	课程编号
plan_id	INT				是		教学方案编号
semester	INT				是		学期
course_name	VARCHAR	45			是		课程名称

课程表的创建结果如图5.5所示。

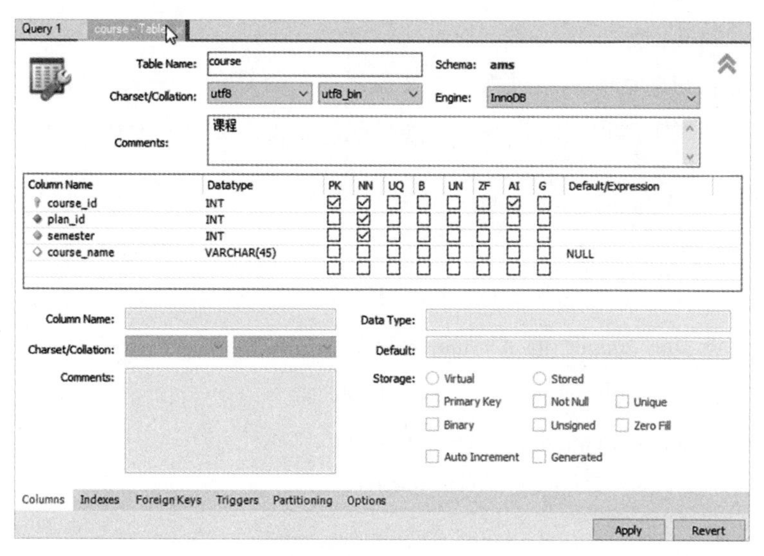

图5.5　课程表创建明细

⑤ 填写完成后，点击“Apply”按钮，然后根据提示依次点击对应按钮完成课程表的创建。

（2）教学方案表与课程表之间的主外键关联

根据上面的分析，一个教学方案下面有多个课程，教学方案表与课程表之间的关系是一对多的关系，通过教学方案编号进行关联。下面来创建课程表与教学方案表的外键关联。

在课程表的设计界面，点击Foreign Keys标签页，创建课程表与教学方案表的主外键关联。创建外键名fk_plan_course，参考表选择plan，参考列选择plan_id，点击“Apply”按钮。弹出创建上述操作所使用的SQL命令。确认后继续点击“Apply”按钮开始创建外键，如图5.6所示。

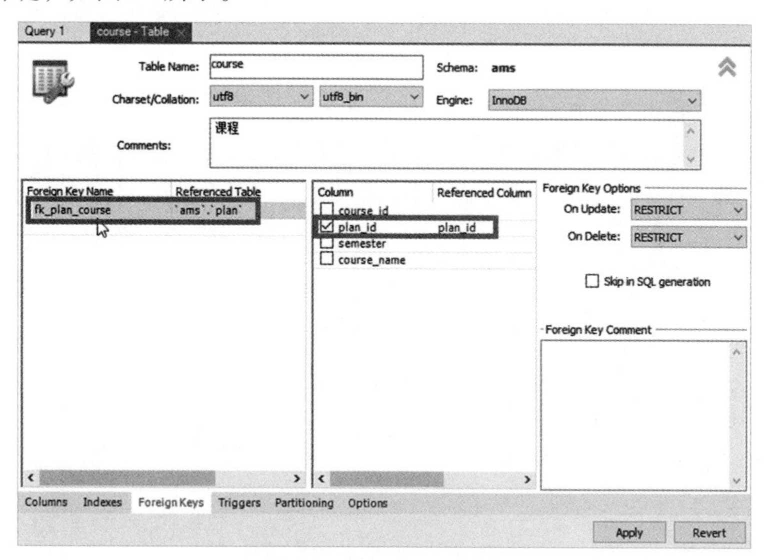

图5.6　课程表外键创建

（3）课程视图创建

教学方案表与课程表是通过教学方案编号进行关联的主子表。为了方便展示两个表中的数据，创建了课程视图将两个表连接起来。视图的创建SQL语句如下。

```
CREATE VIEW `ams`.`view_course` AS
    SELECT
        `ams`.`course`.`plan_id` AS `plan_id`,
        `ams`.`plan`.`major_id` AS `major_id`,
        `ams`.`plan`.`plan_name` AS `plan_name`,
        `ams`.`course`.`course_id` AS `course_id`,
        `ams`.`course`.`semester` AS `semester`,
        `ams`.`course`.`course_name` AS `course_name`
    FROM
        (`ams`.`course`
        JOIN `ams`.`plan`)
    WHERE
        (`ams`.`course`.`plan_id` = `ams`.`plan`.`plan_id`)
```

上述语句完成了课程管理所涉及的数据表及视图的创建。

5.2.2 界面设计

① 在项目的view包内添加一个“JInternalFrame”类型的窗体。名称为“JInternalFrameCourseManagement”。修改界面的title属性为课程管理。在属性窗体分别选择关闭（closable）、最小化（iconifiable）属性，设置它们的显示属性为真。修改子框架内容面板，将其布局属性设置为绝对布局（absolute）。

课程管理界面由5个标签框、4个下拉列表框、1个文本框、1个滚动面板控件（JScrollPane）、1个放置在滚动面板上的表格控件（JTable）及4个按钮控件构成，布局如图5.7所示。

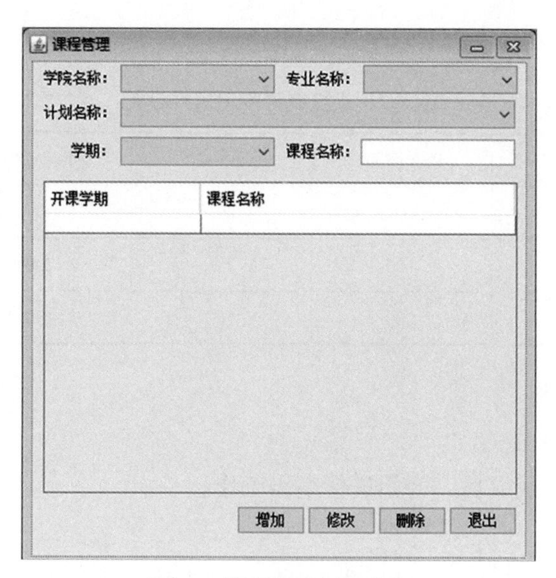

图5.7　课程管理界面布局

②其他控件的属性修改情况如表5.6所列。

表5.6　课程管理界面各控件属性设置

控件类型	控件名	属性	值	备注
标签（JLable）	jLabelCollegeName	text	学院名称：	
	jLabelMajorName	text	专业名称：	
	jLabelPlan	text	方案名称：	
	jLabelSemester	text	学期	
	jLabelCourseName	text	课程名称	
文本框（JTextField）	jTextFieldCourseName	text		课程名称文本框
		columns	45	
下拉列表（JComboBox）	jComboBoxCollege			学院名称下拉列表
	jComboBoxMajor			专业名称下拉列表
	jComboBoxPlan			方案名称下拉列表
	jComboBoxSemester			学期下拉列表
表格（JTable）	jTableCourse			课程表格
按钮（JButton）	jButtonAdd	text	增加	
	jButtonModify	text	修改	
	jButtonDelete	text	删除	
	jButtonExit	text	退出	

课程表格由3列构成。各列的相关属性如表5.7所列。

表5.7　课程表格各列属性设置

Title	Pref.width	Min.width	Max.width	editable
课程编号	0	0	0	未选中
开课学期	100	50	200	未选中
课程名称	200	100	400	未选中

5.2.3　功能代码

框架布局设计完成以后，开始进行编码工作。

（1）课程模型类（Course类）

在项目源代码包内的model包内新建一个课程模型，将课程类的名字命名为"Course"。在类中根据View_course视图的结构，创建四个整型私有字段planId、majorId、courseId和semester。两个字符串型私有字段planName、courseName。为类添加一个对所有的字段赋值构造方法，一个对planId、courseId、semester、courseName字段赋值构造方法和一个对planId、semester、courseName字段赋值构造方法。由于所有的字段都是私有的，再添加对字段进行读写操作的get、set方法。最后覆盖Object类的toString方法，返回课程名称的值，代码如下。

```
    package model;
    public class Course {
        private int planId, majorId, courseId, semester;
        private String planName, courseName;
        public Course (int planId, int majorId, int courseId, int semester,
String planName, String courseName) {
            super();
            this.planId = planId;
            this.majorId = majorId;
            this.courseId = courseId;
            this.semester = semester;
            this.planName = planName;
            this.courseName = courseName;
        }
        public Course (int planId, int courseId, int semester, String courseName) {
```

```
    super();
    this.planId = planId;
    this.courseId = courseId;
    this.semester = semester;
    this.courseName = courseName;
}
public Course (int planId, int semester, String courseName) {
    super();
    this.planId = planId;
    this.courseId = courseId;
    this.semester = semester;
    this.courseName = courseName;
}
public int getPlanId() {
    return planId;
}
public void setPlanId (int planId) {
    this.planId = planId;
}
public int getMajorId() {
    return majorId;
}
public void setMajorId (int majorId) {
    this.majorId = majorId;
}
public int getCourseId() {
    return courseId;
}
public void setCourseId (int courseId) {
    this.courseId = courseId;
}
public int getSemester() {
    return semester;
}
```

```
    public void setSemester (int semester) {
        this.semester = semester;
    }
    public String getPlanName() {
        return planName;
    }
    public void setPlanName (String planName) {
        this.planName = planName;
    }
    public String getCourseName() {
        return courseName;
    }
    public void setCourseName (String courseName) {
        this.courseName = courseName;
    }
    @Override
    public String toString() {
        return courseName ;
    }
}
```

（2）课程数据访问类（CourseAccess类）

在dao包下创建一个新类，用于实现对数据库中Course表的访问操作。类中方法的设计与MajorAccess类的设计基本一致，在此省略流程分析，直接来看源代码，具体的代码如下。

```
package dao;

import java.sql.Connection;
import java.sql.ResultSet;
import java.sql.SQLException;
import java.sql.Statement;
import java.util.ArrayList;
import model.Course;
import model.Plan;
```

```
public class CourseAccess {
    public static int insert (Course course){
        String sql = "INSERT INTO course (plan_id,semester,course_name)"
            + " VALUES ("+course.getPlanId()+","+course.getSemester()
            +",'"+course.getCourseName()+"')";
        return DBUtils.executeUpdate (sql);
    }
    public static int update (Course course){
        String sql="UPDATE course SET semester="+course.getSemester()
                +",course_name = '"+course.getCourseName()
                +"' WHERE (course_id="+course.getCourseId()+")";
        return DBUtils.executeUpdate (sql);
    }
    public static int delete (int id){
        String sql="DELETE FROM course WHERE (course_id = "+id+")";
        return DBUtils.executeUpdate (sql);
    }
    /**
     * 根据教学方案信息返回数据库中的课程信息
     * @param plan 教学方案信息
     * @return 课程类型的数组列表
     */
    public static ArrayList<Course> getCourse (Plan plan) {
        // 定义字符串变量并给其赋初值为从课程视图查询数据的SQL语句
        String sql;
        sql = "SELECT * FROM view_course";
        // 判定传递的教学方案类型对象不为空
        if (plan != null)
            // 生成查询的条件语句，并与sql字符串连接
            sql += " WHERE plan_id=" + plan.getPlanId();
        // 将变量sql传递到Query方法中，查询出满足条件的课程数据并返回
        return Query (sql);
    }
```

```
/**
 * 根据查询条件返回数据库中的课程信息
 * @param condition 查询条件
 * @return 课程类型的数组列表
 */
public static ArrayList<Course> getCourseByCondition(String condition) {
    // 定义字符串变量 sql
    String sql;
    // 判定传递的查询条件字符串为空
    if (condition==null)
        // 返回空
        return null;
    // 根据查询条件,生成查询课程视图的Select语句，给sql字符串赋值
    sql = "SELECT * FROM view_course WHERE "+condition;
    // 将变量sql传递到Query方法中，查询出满足条件的课程数据并返回
    return Query (sql);
}

private static ArrayList<Course> Query (String sql) {
    // 定义声明对象,并获取数据库的连接
    Connection conn = DatabaseConntion.getConnection();
    // 定义数据库声明对象和结果集对象
    Statement stmt = null;
    ResultSet rs = null;
    // 定义课程类型的数组列表对象
    ArrayList<Course> courseList=null;
    try {
        // 声明对象初始化
        stmt = conn.createStatement();
        // 执行SQL语句,返回结果给结果集对象
        rs = stmt.executeQuery (sql);
        // 课程类型的数组列表初始化
        courseList = new ArrayList<Course>();
        // 遍历结果集
```

```
            while (rs.next()) {
                //取出当前记录的课程信息
                int majorId = rs.getInt ("major_id");
                int planId = rs.getInt ("plan_id");
                String planName = rs.getString ("plan_name");
                int courseId = rs.getInt ("course_id");
                int semester = rs.getInt ("semester");
                String courseName = rs.getString ("course_name");
                //生成新的课程对象
                Course course = new Course (planId, majorId, courseId, semester,
planName, courseName);
                //将课程对象添加到课程数组列表中
                courseList.add (course);
            }
        } catch (SQLException e) {
            e.printStackTrace();
        }finally {
            //判定结果集和声明对象状态，如果没关闭则关闭
            try {
                if (rs!=null)
                    rs.close();
                if (stmt!=null)
                    stmt.close();
            } catch (SQLException e) {
                e.printStackTrace();
            }
        }
        //关闭数据库的连接
        DatabaseConntion.closeConnection();
        //返回获取到的课程数组列表
        return courseList;
    }
}
```

(3) 课程管理界面调用填充下拉列表方法的代码

① 学院名称下拉列表填充数据代码。在课程管理类(JInternalFramePlanManagement)的构造函数最后，添加调用填充学院下拉列表的语句，完成界面初始显示时对学院下拉列表的填充，代码如下。

```
public JInternalFramePlanManagement() {
    ...
    FillComboBox.fillComboBoxCollege(jComboBoxCollege);
}
```

② 专业名称下拉列表填充数据代码。在课程管理类(JInternalFramePlanManagement)中，添加学院下拉列表的列表项改变侦听事件，代码如下。

```
jComboBoxCollege.addItemListener(new ItemListener() {
    public void itemStateChanged(ItemEvent e) {
        if(e.getStateChange() == ItemEvent.DESELECTED) {
            return;
        }
        //获取当前选择的学院信息
        College college = (College) jComboBoxCollege.getSelectedItem();
        //如果学院不为空
        if(college!=null)
            //填充专业表
            FillComboBox.fillComboBoxMajor(jComboBoxMajor, college);
    }
});
```

③ 方案名称下拉列表填充数据代码。

• 在专业下拉列表中选择专业以后，希望在方案名称下拉列表中将此专业下面的所有教学方案添加进去。实现此功能需要先在FillComboBox类中增加一个填充教学方案下拉列表的方法。参照专业下拉列表的填充代码，编写教学方案下拉列表填充方法。形参需要有两个参数：一个是需要填充的教学方案下拉列表，另一个是专业信息，代码实现如下。

```
public static void fillComboBoxPlan(
                    JComboBox<Plan> jComboBoxPlan, Major major) {
```

```
        //将教学计划下拉列表所有数据清空
        jComboBoxPlan.removeAllItems();
        //从数据库中取出所有教学计划信息存放到教学计划数组列表中
        ArrayList<Plan> planList = PlanAccess.getPlan(major);
        //遍历教学计划数组列表，将教学计划信息添加到教学计划下拉列表中
        for (Plan plan:planList) {
            jComboBoxPlan.addItem(plan);
        }
    }
```

代码编写完成后可能出现错误提示，错误的原因是类的信息没有导入，请根据提示导入相关的类即可。

• 在课程管理类（JInternalFrameCourseManagement）中，专业下拉列表中选择专业以后，想要在方案名称下拉列表中将此专业下面的所有教学方案显示出来，则代码如下。

```
    jComboBoxMajor.addItemListener(new ItemListener() {
        public void itemStateChanged(ItemEvent e) {
            if (e.getStateChange() == ItemEvent.DESELECTED) {
                return;
            }
            //获取当前选择的专业
            Major major = ((Major) jComboBoxMajor.getSelectedItem());
            //如果专业不为空
            if (major != null)
                //填充教学方案下拉列表
                FillComboBox.fillComboBoxPlan(jComboBoxPlan, major);
        }
    });
```

④ 学期下拉列表填充数据代码。

• 在专业下拉列表中选择专业以后，除了需要填充教学方案下拉列表，同时还需要根据专业的学制信息自动地添加这个专业的所有学期到学期下拉列表中。实现此功能需要先在FillComboBox类中增加一个填充学期下拉列表的方法。形参需要有两个参数：一个是要添加的下拉列表，另一个是学制信息。代码实现如下。

```
public static void fillComboBoxSemester(
        JComboBox<String> jComboBoxSemester, int lengthOfSchooling) {
    //清空下拉列表
    jComboBoxSemester.removeAllItems();
    //根据学制填充学期下拉列表
    for (int i = 1; i <= lengthOfSchooling*2; i ++)
        jComboBoxSemester.addItem ("第"+i+"学期");
}
```

• 在课程管理类（JInternalFrameCourseManagement）中，专业下拉列表中选择专业以后，除了填充教学方案下拉列表还需要填充学期下拉列表。在填充教学方案下拉列表语句后直接添加填充学期下拉列表的代码即可，代码如下。

```
jComboBoxMajor.addItemListener (new ItemListener() {
    public void itemStateChanged (ItemEvent e) {
        if (e.getStateChange() == ItemEvent.DESELECTED) {
            return;
        }
        // 获取当前选择的专业
        Major major = ((Major) jComboBoxMajor.getSelectedItem());
        // 如果专业不为空
        if (major != null)
            // 填充教学方案下拉列表
            FillComboBox.fillComboBoxPlan (jComboBoxPlan, major);
            FillComboBox.fillComboBoxSemester (jComboBoxSemester,
major.getLengthOfSchooling());
    }
});
```

（4）表格数据填充代码

在教学方案名称下拉列表中选择教学方案以后，希望在课程表格中将此教学方案下面的所有课程显示出来。实现这个功能要在代码界面创建一个私有的、无返回值的方法 fillTable，方法需要传递一个教学方案类型的形参。方法实现的代码如下。

```
private void fillTable (Plan plan) {
    // 定义DefaultTableModel类对象并赋值为jTableCourse的模型
```

```
        DefaultTableModel defaultTableModel = (DefaultTableModel)
jTableCourse.getModel();
        // 设置表格当前行数为0
        defaultTableModel.setRowCount(0);
        // 调用函数从数据库中获取课程信息，并将数据存储在数组列表中
        ArrayList<Course> courseList = CourseAccess.getCourse (plan);
        // 遍历课程数组列表
        for (Course course: courseList) {
            // 定义向量对象
            Vector<String> vector = new Vector<String>();
            // 将课程编号添加到向量中
            vector.add (course.getCourseId() + "");
            // 将学期添加到向量中
            vector.add ("第" + course.getSemester() + "学期");
            // 将课程名称添加到向量中
            vector.add (course.getCourseName());
            // 将向量作为一行数据添加到表中
            defaultTableModel.addRow (vector);
        }
    }
```

在教学方案下拉列表中添加数据项改变侦听事件，代码如下。

```
    jComboBoxPlan.addItemListener (new ItemListener() {
        public void itemStateChanged (ItemEvent e) {
            if (e.getStateChange() == ItemEvent.DESELECTED) {
                return;
            }
            // 获取当前选择的教学方案
            Plan plan = ((Plan) jComboBoxPlan.getSelectedItem());
            // 教学方案不为空则填充课程表格
            if (plan!=null)
                fillTable (plan);
        }
    });
```

（5）增加按钮代码

增加按钮是要将控件中填写的课程数据增加到数据库的Course表中。代码中要注意在课程名称的查重时查重范围需要在同一个教学方案中查询，也就是说在当前课程表格中查重即可。其他代码流程和以往的增加代码流程基本类似，下面来看一下具体代码。

```
jButtonAdd.addActionListener(new ActionListener() {
    public void actionPerformed(ActionEvent e) {
        //获取课程名称信息
        String name = jTextFieldCourseName.getText();
        //课程名称不能为空
        if(name.equals("")) {
            //若不正确，显示提示信息后退出
            JOptionPane.showMessageDialog(null, "请输入课程名称！", "错误信息",
JOptionPane.ERROR_MESSAGE);
            //课程名称文本框获得焦点
            jTextFieldCourseName.requestFocus();
            return;
        }
        //课程名称长度超出范围
        if(name.length() > 45) {
            //若不正确，显示提示信息后退出
            JOptionPane.showMessageDialog(null,"请输入的课程名称位数小于等于
50！", "错误信息", JOptionPane.ERROR_MESSAGE);
            //课程名称文本框获得焦点
            jTextFieldCourseName.requestFocus();
            //课程名称文本框全选
            jTextFieldCourseName.selectAll();
            return;
        }
        //获取整数形式的学期
        int semester = jComboBoxSemester.getSelectedItem()
                                        .toString().charAt(1) - 48;
        //获取当前表格中的行数
        int rowcount = jTableCourse.getRowCount();
```

```
        //遍历表格中的数据
        for (int i = 0; i<rowcount; i++) {
            //获取当前行的课程名称信息
            String courseName = jTableCourse.getValueAt (i, 2).toString();
            //课程名称重复
            if (name.equals (courseName)) {
                JOptionPane.showMessageDialog (null, "课程名称重复，请重新输入！ ",
"错误信息", JOptionPane.ERROR_MESSAGE);
                //课程名称文本框获得焦点
                jTextFieldCourseName.requestFocus();
                //课程名称文本框全选
                jTextFieldCourseName.selectAll();
                return;
            }
        }
        //获取当前选择的教学计划
        Plan plan = ((Plan) jComboBoxPlan.getSelectedItem());
        //获取教学方案编号
        int planId = plan.getPlanId();
        //生成新课程对象
        Course course = new Course (planId, semester, name);
        //将课程信息插入数据库
        int r = CourseAccess.insert (course);
        //根据插入结果显示对应提示信息
        if (r > 0) {
            JOptionPane.showMessageDialog (null, "数据添加成功！ ", "提示信息",
JOptionPane.INFORMATION_MESSAGE);
            fillTable(plan);
        } else {
            JOptionPane.showMessageDialog (null, "数据添加失败，请联系系统管理
员！ ", "错误信息", JOptionPane.ERROR_MESSAGE);
        }
    }
});
```

（6）课程信息修改

课程信息修改的功能设计流程如下。

① 先在表格中选择要修改的课程，将课程的信息复制到上面对应的文本框控件中；

② 在文本域中修改课程字段信息；

③ 点击修改按钮后，进行数据有效性的校验；

④ 将修改后的结果保存到数据库中。

根据修改流程，首先要编写表格选择的数据行发生变化的侦听事件，代码如下。

```
jTableCourse.getSelectionModel().addListSelectionListener(new
ListSelectionListener() {
    @Override
    public void valueChanged(ListSelectionEvent e) {
        //确定选中的行
        int row = jTableCourse.getSelectedRow();
        //如果有选中的行
        if (row != -1) {
            //获取学期信息
            String semester = jTableCourse.getValueAt(row, 1). toString();
            //获取课程名称信息
            String name = jTableCourse.getValueAt(row, 2).toString();
            //学期下拉列表框赋值
            jComboBoxSemester.setSelectedItem(semester);
            //课程名称文本框赋值
            jTextFieldCourseName.setText(name);
        } else {
            //学期下拉列表框初始化
            jComboBoxSemester.setSelectedItem("第1学期");
            //课程名称文本框清空
            jTextFieldCourseName.setText("");
        }
    }
});
```

将这段代码放到表格其他属性设置代码之后，即可完成在表格中选择不同的行时将选择的课程信息在界面上对应控件中显示出来。

接下来完成修改按钮的设计，代码如下。

```
jButtonModify.addActionListener (new ActionListener() {
    public void actionPerformed (ActionEvent e) {
        // 获取课程名称信息
        String name = jTextFieldCourseName.getText();
        // 课程名称不能为空
        if (name.equals ("")) {
            // 若不正确，显示提示信息后退出
            JOptionPane.showMessageDialog (null, "请输入课程名称！", "错误信息",
JOptionPane.ERROR_MESSAGE);
            // 课程名称文本框获得焦点
            jTextFieldCourseName.requestFocus();
            return;
        }
        // 课程名称长度超出范围
        if (name.length() > 45) {
            // 若不正确，显示提示信息后退出
            JOptionPane.showMessageDialog (null, "请输入的课程名称位数小于等于
50！", "错误信息", JOptionPane.ERROR_MESSAGE);
            // 课程名称文本框获得焦点
            jTextFieldCourseName.requestFocus();
            // 课程名称文本框全选
            jTextFieldCourseName.selectAll();
            return;
        }
        // 获取整数形式的学期
        int semester = jComboBoxSemester.getSelectedItem()
                                    .toString().charAt(1) - 48;
        // 获取表格中当前选中的行
        int selectedRow = jTableCourse.getSelectedRow();
        // 如果未选中行则提示对应信息
        if (selectedRow == -1) {
```

```
        JOptionPane.showMessageDialog (null, "请选择要修改的记录！", "错误信息", JOptionPane.ERROR_MESSAGE);
        return;
    }
    // 获取当前表格中的行数
    int rowcount = jTableCourse.getRowCount();
    // 遍历表格中的数据
    for (int i = 0; i<rowcount; i++) {
        // 获取当前行的课程名称信息
        String courseName = jTableCourse.getValueAt (i, 2). toString();
        // 课程名称查重
        if (name.equals (CourseName) &&i != selectedRow) {
            JOptionPane.showMessageDialog (null, "课程名称重复，请重新输入！", "错误信息", JOptionPane.ERROR_MESSAGE);
            // 课程名称文本框获得焦点
            jTextFieldCourseName.requestFocus();
            // 课程名称文本框全选
            jTextFieldCourseName.selectAll();
            return;
        }
    }
    // 获取当前选择的教学计划
    Plan plan = ((Plan) jComboBoxPlan.getSelectedItem());
    // 获取教学方案编号
    int planId = plan.getPlanId();
    // 获取要修改的课程编号
    int courseId = Integer.parseInt (jTableCourse.getValueAt (selectedRow, 0).toString());
    // 生成新课程对象
    Course course = new Course (planId, courseId, semester, name);
    // 将课程信息修改到数据库
    int r = CourseAccess.update (course);
    // 根据数据库修改的结果显示对应信息
    if (r> 0) {
```

```
            JOptionPane.showMessageDialog (null, "数据修改成功！", "提示信息",
JOptionPane.INFORMATION_MESSAGE);
            fillTable(plan);
        } else {
            JOptionPane.showMessageDialog (null, "数据修改失败，请联系系统管理
员！", "错误信息", JOptionPane.ERROR_MESSAGE);
        }
    }
});
```

（7）课程信息删除按钮代码

删除按钮的代码与专业管理界面中的删除代码比较类似，下面直接来看一下它的实现代码。

```
jButtonDelete.addActionListener (new ActionListener() {
    public void actionPerformed (ActionEvent e) {
        // 获取当前选中的行
        int selectedRow = jTableCourse.getSelectedRow();
        // 判定表格中是否选定了行
        if (selectedRow == -1) {
            JOptionPane.showMessageDialog (null, "请选择要删除的记录！", "错误信
息", JOptionPane.ERROR_MESSAGE);
            return;
        }
        // 二次确认
        int r = JOptionPane.showConfirmDialog (null,"确认要删除当前记录么？", "确
认信息", JOptionPane.YES_NO_OPTION);
        // 选择了确定删除
        if (r == 0) {
            // 获取课程编号
            int id = Integer.parseInt(
                    jTableCourse.getValueAt (selectedRow, 0). toString());
            // 删除课程信息
            int re = CourseAccess.delete (id);
            // 判定是否删除了数据,并显示对应信息
```

```
            if (re > 0) {
                JOptionPane.showMessageDialog (null, "数据删除成功！", "提示信息",
JOptionPane.INFORMATION_MESSAGE);
                // 获取当前选择的教学方案
                Plan plan = ((Plan) jComboBoxPlan.getSelectedItem());
                // 填充课程表
                fillTable (plan);
            } else {
                JOptionPane.showMessageDialog (null, "数据删除失败,请联系系统管理
员！", "错误信息", JOptionPane.ERROR_MESSAGE);
            }
        }
    }
});
```

(8) 退出按钮代码

退出按钮代码比较简单，关闭当前框架即可，代码如下。

```
jButtonExit.addActionListener (new ActionListener() {
    public void actionPerformed (ActionEvent e) {
        dispose();
    }
});
```

(9) 主界面调用课程管理界面

在主界面中，为课程管理菜单项添加活动侦听事件，用于调用课程管理功能界面，代码如下。

```
jMenuItemCourseManagement.addActionListener (new ActionListener() {
    public void actionPerformed (ActionEvent e) {
        JInternalFrameCourseManagement jInternalFrameCourseManagement = new
JInternalFrameCourseManagement();
        jInternalFrameCourseManagement.setVisible (true);
        desktopPane.add (jInternalFrameCourseManagement);
    }
});
```

以上就是课程管理的功能实现。在这个功能中，由于表结构比较简单，没有使用新的控件。本功能代码的实现基本都是以前功能代码的重复。请读者自行运行程序，测试功能的正确性。

5.3 年级选课

学生基本信息和课程基本信息的管理功能设计已经完毕了。下面要建立学生与课程之间的联系。分析学校的管理现状，在一个专业中有多个版本的教学计划，同时一个专业中也有很多的年级，每个年级中有多个班级。在选课的时候，是以专业、年级为选课的基本单位，而不是班级为选课的单位。例如，计算机科学与技术专业目前的在校生有2017、2018、2019、2020等四个年级。每一个年级有两个班级。而计算机科学与技术专业现在正在执行的教学计划有2015版和2019版两个版本，2017、2018级所有的班级执行2015版教学计划，2019、2020级所有的班级执行2019版教学计划。将专业年级与教学计划的关系确定以后，每班级、每学期所上的课程也就确定下来了。下面来完成教学计划与年级的对应关系的管理。

5.3.1 表与视图的创建

年级选课表是用来存放年级选课相关信息的。下面了解一下年级选课表及其功能相关视图的创建。

（1）课程表

① 打开MySQL Workbench并登录本地MySQL数据库。

② 鼠标右键单击table→create table...菜单项开始创建数据表。

③ 在表名文本框中写上当前的表名“grade_course”，在注释文本框内写上当前表的注释信息“年级选课”。

④ 年级选课表由编号、专业编号、年级和教学方案编号四个字段构成，具体结构如表5.8所列。

表5.8　年级选课表结构

字段名	数据类型	长度	小数位	主键	非空	自增	备注
id	INT			是	是	是	编号
major_id	INT				是		专业编号
grade	INT				是		年级
plan_id	INT				是		教学方案编号

年级选课表的创建结果如图5.8所示。

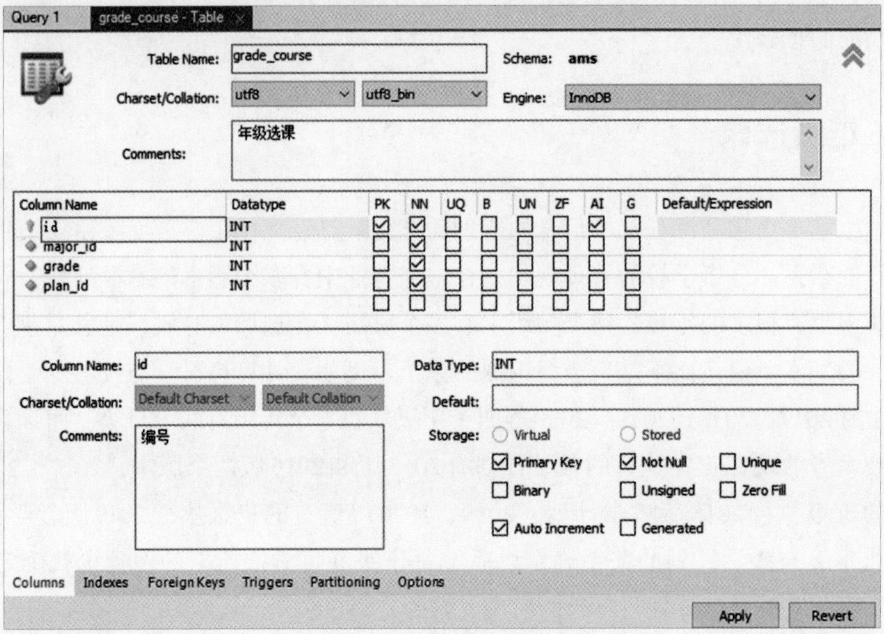

图5.8　年级选课表创建明细

⑤ 填写完成后，点击“Apply”按钮，然后根据提示依次点击对应按钮完成课程表的创建。

（2）年级选课表的外键关联

年级选课表不是一个实体表，它是一个存储专业年级与教学方案之间联系的关系表。通过年级选课表的表结构可以看出，它可以和教学方案表有一个主外键关联。而在表示与专业年级进行关联时，因为专业年级没有一个单独的表结构进行存储，相关数据是包含在班级表结构当中的。因此专业和年级不是班级表的主键，无法与年级选课表建立主外键关联。所以在年级选课表中，只创建教学方案与年级选课表之间的主外键关联。下面来看一下外键关联的创建过程。

在年级选课表的设计界面，点击Foreign Keys标签页，创建年级选课表与教学方案表的主外键关联，创建外键名fk_plan_grade_course，参考表选择plan，参考列选择plan_id。点击“Apply”按钮，弹出创建上述操作所使用的SQL命令，确认后继续点击“Apply”按钮开始创建外键，如图5.9所示。

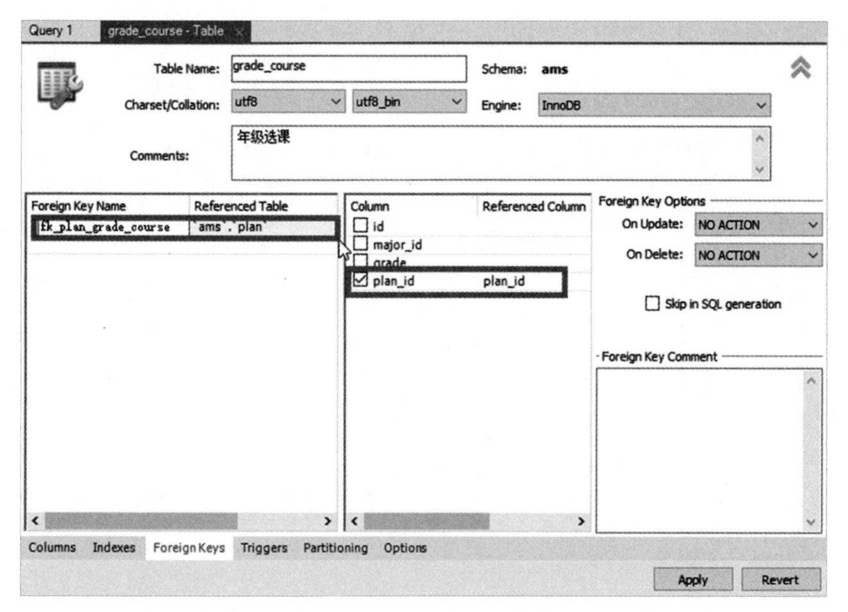

图5.9　年级选课表外键创建

（3）专业年级视图创建

通过上面的分析可以知道专业年级没有单独的表进行存储，其数据存储在班级表中。在程序中想要提取专业年级的信息时，需要从班级表中进行查询，并且还要注意去掉重复项。为了方便操作，我们将以上的查询操作单独提取出来，生成专业年级视图，从而减少前台代码的工作量。具体的代码如下。

```
CREATE VIEW `ams`.`view_major_grade` AS
  SELECT DISTINCT
    `ams`.`class`.`major_id` AS `major_id`,
    `ams`.`class`.`grade` AS `grade`
  FROM
    `ams`.`class`
```

上述代码完成了年级选课管理所涉及的数据表与视图的创建。

5.3.2　界面设计

① 在项目的view包内添加一个“JInternalFrame”类型的窗体。名称为“JInternalFrameGradeCourseManagement”。修改界面的title属性为年级选课。在属性窗体分别选择关闭（closable）、最小化（iconifiable）属性，设置它们的显示属性为真。修改子框架内容面板，将其布局属性设置为绝对布局（absolute）。

年级选课界面由3个标签框、3个下拉列表框、2个面板控件，以及分别放在两个面板上的列表控件、2个按钮控件构成，布局如图5.10所示。

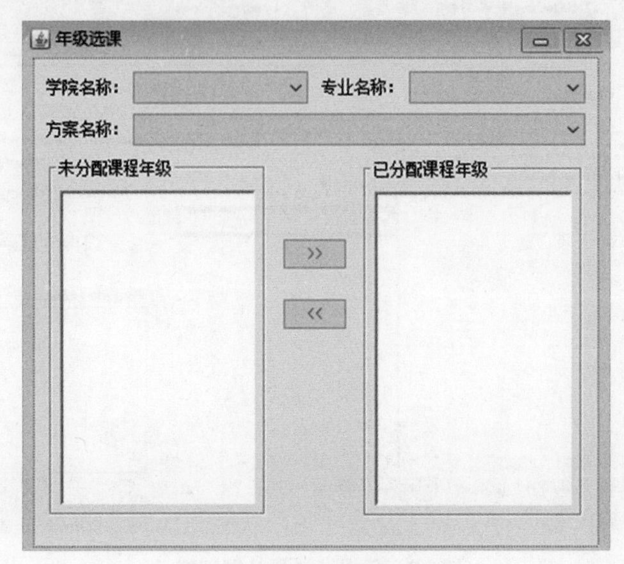

图5.10　年级选课界面布局

② 其他控件的属性修改情况如表5.9所列。

表5.9　年级选课界面各控件属性设置

控件类型	控件名	属性	值	备注
标签（JLable）	jLabelCollegeName	text	学院名称：	
	jLabelMajorName	text	专业名称：	
	jLabelPlan	text	方案名称：	
下拉列表（JComboBox）	jComboBoxCollege			学院名称下拉列表
	jComboBoxMajor			专业名称下拉列表
	jComboBoxPlan			方案名称下拉列表
面板（JPanel）	panel	Border Type	TitledBorder	
		Title	未分配课程年级	
		Border	javax.swing.border.EtchedBorder	
	panel_1	Border Type	TitledBorder	
		Title	已分配课程年级	
		Border	javax.swing.border.EtchedBorder	

表5.9（续）

控件类型	控件名	属性	值	备注
列表（JList）	jListUnallocationGrade	Border	BevelBorder	放置“未分配课程年级”面板中
	jListAllocationGrade	Border	BevelBorder	放置“已分配课程年级”面板中
按钮（JButton）	jButtonAllocation	text	>>	
	jButtoUnallocation	text	<<	

5.3.3　功能代码

框架布局设计完成以后，开始进行编码工作。

（1）年级选课类（GradeCourse类）

在项目源代码包内的model包内新建一个年级选课模型，这个模型里的数据代表着已经选完课程的年级信息。将类的名字命名为“GradeCourse”。在类中根据grade_course表的结构，创建四个整型私有字段id、majorId、grade和planId。为类添加一个对所有的字段赋值构造方法和一个对majorId、grade和planId字段赋值构造方法。由于所有的字段都是私有的，再添加对字段进行读写操作的get、set方法。最后覆盖Object类的toString方法，返回已选课年级信息，代码如下。

```
package model;

public class GradeCourse {
    private int id,majorId,grade,planId;
    public GradeCourse (int id, int majorId, int grade, int planId) {
        super();
        this.id = id;
        this.majorId = majorId;
        this.grade = grade;
        this.planId = planId;
    }
    public GradeCourse (int majorId, int grade, int planId) {
        super();
        this.majorId = majorId;
        this.grade = grade;
```

```
        this.planId = planId;
    }
    public int getId() {
        return id;
    }
    public void setId (int id) {
        this.id = id;
    }
    public int getMajorId() {
        return majorId;
    }
    public void setMajorId (int majorId) {
        this.majorId = majorId;
    }
    public int getGrade() {
        return grade;
    }
    public void setGrade (int grade) {
        this.grade = grade;
    }
    public int getPlanId() {
        return planId;
    }
    public void setPlanId (int planId) {
        this.planId = planId;
    }
    @Override
    public String toString() {
        // TODO Auto-generated method stub
        return grade+"级";
    }
}
```

（2）专业年级类（MajorGrade类）

前文已经分析过了，年级选课需要用到专业年级数据，这个数据存储于班级数据表中。在年级选课功能中，如果想使用专业年级数据，需要从班级表中将其筛选并提取出来。因此在代码中先给专业年级数据创建一个模型，这个模型的对象代表着当前专业下存在的年级信息，便于后面的代码操作。

在项目源代码包内的model包内新建一个专业年级模型，将类的名字命名为“MajorGrade”。在类中根据view_major_grade视图的结构，创建两个整型私有字段majorId和grade。为类添加一个对所有的字段赋值构造方法，再添加对字段进行读写操作的get、set方法。后续的代码在对专业年级对象进行操作时，将会对两个专业年级对象进行比较，判定对象中的专业年级数据是否相等，因此在类中覆盖Object类的equals方法，用于实现两个专业年级对象比较是否相等，专业号和年级号都相等则认为专业年级是相等的，否则是不等的。最后覆盖Object类的toString方法，返回年级信息，代码如下。

```
package model;

public class MajorGrade {
    private int majorId,grade;
    public MajorGrade (int majorId, int grade) {
        super();
        this.majorId = majorId;
        this.grade = grade;
    }
    public int getMajorId() {
        return majorId;
    }
    public void setMajorId (int majorId) {
        this.majorId = majorId;
    }
    public int getGrade() {
        return grade;
    }
    public void setGrade (int grade) {
        this.grade = grade;
    }
```

```
    @Override
    public boolean equals(Object obj) {
        if (this == obj)
            return true;
        if (obj == null)
            return false;
        if (getClass() != obj.getClass())
            return false;
        MajorGrade other = (MajorGrade) obj;
        if (grade != other.grade)
            return false;
        if (majorId != other.majorId)
            return false;
        return true;
    }
    @Override
    public String toString() {
        // TODO Auto-generated method stub
        return grade+"级";
    }
}
```

（3）年级选课数据访问类（GradeCourseAccess类）

在dao包下创建一个新类，用于实现对数据库中年级选课表的访问操作。类中方法的设计与MajorAccess类的设计基本一致，与MajorAccess类的设计主要不同之处在于年级选课数据访问类不涉及更新操作，因此在类中删除update方法。而且查询方法只保留根据查询条件进行查询的方法。省略其他的流程分析，直接来看源代码，具体的代码如下。

```
package dao;

import java.sql.Connection;
import java.sql.ResultSet;
import java.sql.SQLException;
import java.sql.Statement;
```

```
import java.util.ArrayList;
import model.GradeCourse;

public class GradeCourseAccess {
    public static int insert (GradeCourse gradeCourse){
        String sql="INSERT INTO grade_course (major_id,grade,plan_id)"
                + " VALUES ("+gradeCourse.getMajorId()+","
                +gradeCourse.getGrade()+","+gradeCourse.getPlanId()+")";
        return DBUtils.executeUpdate (sql);
    }

    public static int delete (int id){
        String sql = "DELETE FROM grade_course WHERE (id = "+id+")";
        return DBUtils.executeUpdate (sql);
    }
    /**
     * 根据查询条件返回数据库中的年级选课信息
     * @param condition 查询条件
     * @return 年级选课类型的数组列表
     */
    public static ArrayList<GradeCourse> getGradeCourseByCondition
(String condition) {
        // 定义字符串变量sql
        String sql;
        // 判定传递的查询条件字符串为空
        if (condition == null)
            // 返回空
            return null;
        // 根据查询条件，生成查询年级选课表的Select语句，给sql字符串赋值
        sql = "SELECT * FROM grade_course WHERE "+condition;
        // 将变量sql传递到Query方法中，查询出满足条件的年级选课数据并返回
        return Query (sql);
    }
    private static ArrayList<GradeCourse> Query(String sql) {
        // 定义声明对象，并获取数据库的连接
```

```
Connection conn=DatabaseConntion.getConnection();
//定义数据库声明对象和结果集对象
Statement stmt = null;
ResultSet rs = null;
//定义年级选课类型的数组列表对象
ArrayList<GradeCourse> gradeCourseList = null;
try {
    //声明对象初始化
    stmt = conn.createStatement();
    //执行SQL语句，返回结果给结果集对象
    rs = stmt.executeQuery(sql);
    //年级选课类型的数组列表初始化
    gradeCourseList = new ArrayList<GradeCourse>();
    //遍历结果集
    while (rs.next()) {
        //取出当前记录的年级选课信息
        int id = rs.getInt ("id");
        int majorId = rs.getInt ("major_id");
        int planId = rs.getInt ("plan_id");
        int grade = rs.getInt ("grade");
        //生成新的年级选课对象
        GradeCoursegradeCourse = new GradeCourse (id, majorId, grade, planId);
        //将年级选课对象添加到年级选课数组列表中
        gradeCourseList.add (gradeCourse);
    }
} catch (SQLException e) {
    e.printStackTrace();
}finally {
    //判定结果集和声明对象状态，如果没关闭则关闭
    try {
        if (rs!=null)
            rs.close();
        if (stmt!=null)
            stmt.close();
```

```
            } catch (SQLException e) {
                e.printStackTrace();
            }
        }
        // 关闭数据库的连接
        DatabaseConntion.closeConnection();
        // 返回获取到的年级选课数组列表
        return gradeCourseList;
    }
}
```

（4）专业年级数据访问类（MajorGradeAccess类）

在dao包下创建一个新类，用于实现对数据库中专业年级视图的访问操作。类中方法的设计与GradeCourseAccess类的设计基本一致。与之不同的是专业年级是从视图中获取的数据，因此在数据访问类中只保存数据的查询相关方法。在此省略流程分析，直接来看源代码，具体的代码如下。

```
package dao;

import java.sql.Connection;
import java.sql.ResultSet;
import java.sql.SQLException;
import java.sql.Statement;
import java.util.ArrayList;
import model.MajorGrade;

public class MajorGradeAccess {
    /**
     * 根据查询条件返回数据库中的专业年级信息
     *
     * @param condition 查询条件
     * @return 专业年级类型的数组列表
     */
    public static ArrayList<MajorGrade> getMajorGradeByCondition (String condition) {
        // 定义字符串变量sql
        String sql;
```

```
        // 判定传递的查询条件字符串为空
        if (condition == null)
            // 返回空
            return null;
        // 根据查询条件，生成查询专业年级视图的Select语句，给sql变量赋值
        sql = "SELECT * FROM view_major_grade WHERE " + condition;
        // 将变量sql传递到Query方法中，查询出满足条件的数据并返回
        return Query (sql);
    }

    private static ArrayList<MajorGrade> Query (String sql) {
        // 定义声明对象，并获取数据库的连接
        Connection conn = DatabaseConntion.getConnection();
        // 定义数据库声明对象和结果集对象
        Statement stmt = null;
        ResultSet rs = null;
        // 定义专业年级类型的数组列表对象
        ArrayList<MajorGrade> majorGradeList = null;
        try {
            // 声明对象初始化
            stmt = conn.createStatement();
            // 执行SQL语句，返回结果给结果集对象
            rs = stmt.executeQuery (sql);
            // 专业年级类型的数组列表初始化
            majorGradeList = new ArrayList<MajorGrade>();
            // 遍历结果集
            while (rs.next()) {
                // 取出当前记录的专业年级信息
                int majorId = rs.getInt ("major_id");
                int grade = rs.getInt ("grade");
                // 生成新的专业年级对象
                MajorGrade majorGrade = new MajorGrade (majorId, grade);
                // 将专业年级对象添加到专业年级数组列表中
                majorGradeList.add (majorGrade);
```

```
            }
        } catch (SQLException e) {
            e.printStackTrace();
        } finally {
            // 判定结果集和声明对象状态，如果没关闭则关闭
            try {
                if (rs != null)
                    rs.close();
                if (stmt != null)
                    stmt.close();
            } catch (SQLException e) {
                e.printStackTrace();
            }
        }
        // 关闭数据库的连接
        DatabaseConntion.closeConnection();
        // 返回获取到的专业年级数组列表
        return majorGradeList;
    }
}
```

（5）年级选课界面调用填充下拉列表方法的代码

① 学院名称下拉列表填充数据代码。在年级选课类（JInternalFrameGradeCourseManagement）的构造函数最后，添加调用填充学院下拉列表的语句，完成界面初始显示时对学院下拉列表的填充，代码如下。

```
public JInternalFrameGradeCourseManagement () {
    …
    FillComboBox.fillComboBoxCollege (jComboBoxCollege);
}
```

② 专业名称下拉列表填充数据代码。在年级选课类（JInternalFrameGradeCourseManagement）中，添加学院下拉列表的列表项改变侦听事件，代码如下。

```
jComboBoxCollege.addItemListener (new ItemListener() {
    public void itemStateChanged (ItemEvent e) {
```

```
        if (e.getStateChange() == ItemEvent.DESELECTED) {
            return;
        }
        // 获取当前选择的学院信息
        College college = (College) jComboBoxCollege.getSelectedItem();
        // 如果学院不为空
        if (college!=null)
            // 填充专业表
            FillComboBox.fillComboBoxMajor (jComboBoxMajor, college);
    }
});
```

③ 方案名称下拉列表填充数据代码。在专业下拉列表中选择专业以后，希望在方案名称下拉列表中将此专业下面的所有教学方案添加进去，代码如下。

```
jComboBoxMajor.addItemListener (new ItemListener() {
    public void itemStateChanged (ItemEvent e) {
        if (e.getStateChange() == ItemEvent.DESELECTED) {
            return;
        }
        // 获取当前选择的专业
        Major major = ((Major) jComboBoxMajor.getSelectedItem());
        // 如果专业不为空
        if (major != null)
            // 填充教学方案下拉列表
            FillComboBox.fillComboBoxPlan (jComboBoxPlan, major);
    }
});
```

（6）列表（JList）控件填充数据代码

JList是Swing中的列表控件，这个控件每行只有一列，每一列称为一个element。列表控件内部的model维护着一个数组，存放了所有的成员元素。因此，对于JList内部元素的处理，都应调用其model的相关方法。JList创建后，默认可以选择多项，按住Ctrl键可以多选（跳选），按住Shift键可以连选。控件的形状如图5.11所示。

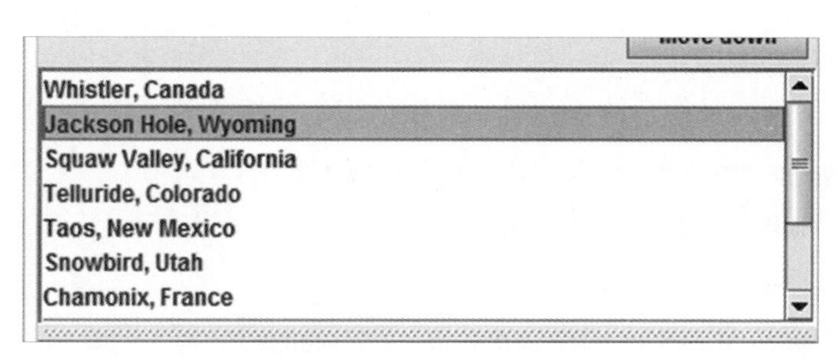

图5.11　JList控件示例

① jListUnallocationGrade列表控件数据填充。

在专业下拉列表中选择专业以后，除了需要在方案名称下拉列表中将此专业下面的所有教学方案添加进去以外，同时根据专业筛选出当前未选课的年级信息，添加到未分配课程年级列表（jListUnallocationGrade）组件中。程序的设计流程如下。

在本类中添加私有的、无返回值的方法fillListUnallocationGrade，传递一个专业类型参数，在本方法内将要筛选专业中所有未选课的年级信息添加到未分配课程年级列表组件中；

在方法中定义默认的列表模型对象dlm，并调用默认的构造函数将它实例化；

dlm清空所有的数据；

判定传递进来的专业信息是否为空；

如果不为空，则生成查询条件字符串变量，并将它赋值为专业编号等于传递进来的专业编号；

查询出本专业下所有的年级；

查询出本专业下所有的已选课的年级；

遍历所有已选课的年级；

提取专业和年级信息生成专业年级对象；

专业年级列表中移除已选课的专业年级；

遍历处理过后的专业年级数组列表，将专业年级信息添加到dlm对象中；

将dlm对象与未选课年级列表关联起来。

根据以上的流程设计，实现的代码如下。

```
private void fillListUnallocationGrade (Major major) {
    // 定义默认的列表模型对象dlm并调用默认的构造函数将它实例化
    DefaultListModel dlm = new DefaultListModel();
    // 清空所有的数据
    dlm.removeAllElements();
    // 判定传递进来的专业信息如果不为空的话
```

```
    if (major != null) {
        //定义查询条件字符串变量。并赋值为专业编号等于传递进来的专业编号
        String condition = " major_id=" + major.getMajorId();
        //查询出本专业下所有的年级
        ArrayList<MajorGrade> majorGradeList =
MajorGradeAccess.getMajorGradeByCondition (condition);
        //查询出本专业下所有的已选课的年级
        ArrayList<GradeCourse> gradeCourseList =
GradeCourseAccess.getGradeCourseByCondition (condition);
        //遍历所有已选课的年级
        for (GradeCoursegradeCourse:gradeCourseList) {
            //提取专业和年级信息生成专业年级对象
            MajorGrade majorGrade =
new MajorGrade (gradeCourse.getMajorId(), gradeCourse.getGrade());
            //专业年级列表中移除已选课的专业年级
            majorGradeList.remove (majorGrade);
        }
        //遍历处理过后的专业年级数组列表。将专业年级信息添加到dlm对象中
        for (MajorGrade majorGrade: majorGradeList) {
            dlm.addElement (majorGrade);
        }
    }
    //将dlm对象与未选课年级列表关联起来
    jListUnallocationGrade.setModel (dlm);
}
```

填充未分配课程年级列表的代码应该在专业下拉列表中选择专业后执行，在专业下拉列表中列表项改变事件的填充教学方案下拉列表语句后，直接添加填充未分配课程年级列表的代码即可，代码如下。

```
jComboBoxMajor.addItemListener (new ItemListener() {
    public void itemStateChanged (ItemEvent e) {
        if (e.getStateChange() == ItemEvent.DESELECTED) {
            return;
        }
```

```
        //获取当前选择的专业
        Major major = ((Major) jComboBoxMajor.getSelectedItem());
        //如果专业不为空
        if (major != null)
            //填充教学方案下拉列表
            FillComboBox.fillComboBoxPlan (jComboBoxPlan, major);
            //添加未选课年级
            fillListUnallocationGrade (major);
    }
});
```

② jListAllocationGrade列表控件数据填充。

在方案名称下拉列表中选择教学方案以后，需要根据教学方案筛选出当前已选中本方案的年级信息，添加到已分配课程年级列表（jListAllocationGrade）组件中。程序的设计流程如下。

在本类中添加私有的、无返回值的方法fillListAllocationGrade，传递一个教学方案类型参数，在本方法内将要筛选所有选择指定教学方案的年级信息。添加到已分配课程年级列表组件中；

在方法中定义默认的列表模型对象dlm并实例化；

dlm清空所有的数据；

判定传递进来的教学方案信息是否为空；

如果不为空，则生成查询条件字符串变量，并将它赋值为教学方案编号等于传递进来的教学方案编号；

查询出已选择这个教学方案的所有年级信息，并存放到年级选课数组列表中；

遍历年级选课数组列表，将年级选课信息添加到dlm对象中；

将dlm对象与已选课年级列表关联起来。

根据以上的流程设计，实现的代码如下。

```
private void fillListAllocationGrade (Plan plan) {
    //定义默认的列表模型对象dlm并调用默认的构造函数将它实例化
    DefaultListModel dlm = new DefaultListModel();
    //清空所有的数据
    dlm.removeAllElements();
    //判定传递进来的教学方案信息如果不为空的话
    if (plan != null) {
```

```
            //定义查询条件，并赋值为教学方案编号等于传递进来的教学方案编号
            String condition = " plan_id=" + plan.getPlanId();
            //查询出所有已选择本教学方案的年级
            ArrayList<GradeCourse> gradeCourseList =
GradeCourseAccess.getGradeCourseByCondition (condition);
            //遍历年级选课数组列表。将年级选课信息添加到dlm对象中
            for (GradeCourse gradeCourse: gradeCourseList) {
                dlm.addElement (gradeCourse);
            }
        }
        //将dlm对象与已选课年级列表关联起来
        jListAllocationGrade.setModel (dlm);
    }
```

在年级选课类的方案名称下拉列表中选择教学方案以后，需要填充已分配课程年级列表（jListAllocationGrade）组件，代码如下。

```
jComboBoxPlan.addItemListener (new ItemListener() {
    public void itemStateChanged (ItemEvent e) {
        if (e.getStateChange() == ItemEvent.DESELECTED) {
            return;
        }
        //获取选择的教学方案
        Plan plan = (Plan) jComboBoxPlan.getSelectedItem();
        //填充已选课年级列表
        fillListAllocationGrade (plan);
    }
});
```

（7）右箭头按钮代码

右箭头按钮的作用是在左边的“未分配课程年级列表”中选择年级将其添加到右边“已分配课程年级列表”中，从而完成该年级的选课操作，具体代码如下。

```
jButtonAllocation.addActionListener (new ActionListener() {
    public void actionPerformed (ActionEvent e) {
        //获取未分配课程年级列表控件中选择的所有年级信息
```

```
            List<MajorGrade> majorGradeList =
jListUnallocationGrade.getSelectedValuesList();
            // 获取当前选择的教学方案信息
            Plan plan = (Plan) jComboBoxPlan.getSelectedItem();
            // 遍历未选择课程的年级列表
            for (MajorGrade majorGrade:majorGradeList) {
                // 生成新的年级选课对象
                GradeCourse gradeCourse =
new GradeCourse (majorGrade.getMajorId(),majorGrade.getGrade(), plan.getPlanId());
                // 将年级选课对象插入年级选课表中
                int r = GradeCourseAccess.insert (gradeCourse);
                // 如果插入成功
                if(r>0) {
                    // 调用方法重新刷新已选课年级列表
                    fillListAllocationGrade (plan);
                    // 获取当前选中的专业信息
                    Major major = ((Major) jComboBoxMajor.getSelectedItem());
                    // 调用方法重新刷新未选课年级列表
                    fillListUnallocationGrade(major);
                }else {
                    // 如果失败,显示错误信息
                    JOptionPane.showMessageDialog (null, "数据添加失败,请联系系统管理
员！", "错误信息", JOptionPane.ERROR_MESSAGE);
                }
            }
        }
    });
```

（8）左箭头按钮代码

左箭头按钮的作用与右箭头正好相反，将年级从右边的列表转移到左边列表中，就是将年级从选完课程状态恢复到未选课程状态，下面来看一下实现的代码。

```
    jButtoUnallocation.addActionListener (new ActionListener() {
        public void actionPerformed (ActionEvent e) {
            // 获取已分配课程年级列表控件中选择的所有年级信息
```

```
        List<GradeCourse> gradeCourseList =
jListAllocationGrade.getSelectedValuesList();
        //获取当前选择的教学方案信息
        Plan plan = (Plan) jComboBoxPlan.getSelectedItem();
        //遍历未选择课程的年级列表
        for(GradeCourse gradeCourse:gradeCourseList) {
            //删除选课信息
            int r = GradeCourseAccess.delete (gradeCourse.getId());
            //如果删除成功
            if (r > 0) {
                //调用方法重新刷新已选课年级列表
                fillListAllocationGrade (plan);
                //获取当前选中的专业信息
                Major major = ((Major) jComboBoxMajor.getSelectedItem());
                //调用方法重新刷新未选课年级列表
                fillListUnallocationGrade (major);
            }else {
                //如果失败,显示错误信息
                JOptionPane.showMessageDialog (null, "数据添加失败，请联系系统管
理员！", "错误信息", JOptionPane.ERROR_MESSAGE);
            }
        }
    }
});
```

(9) 主界面调用年级选课界面

在主界面中，为年级选课菜单项添加活动侦听事件，用于调用年级选课功能界面，代码如下。

```
jMenuItemGradeCourse.addActionListener (new ActionListener() {
    public void actionPerformed (ActionEvent e) {
        JInternalFrameGradeCourseManagement jInternalFrameGradeCourseManagement
= new JInternalFrameGradeCourseManagement();
        jInternalFrameGradeCourseManagement.setVisible (true);
        desktopPane.add (jInternalFrameGradeCourseManagement);
```

```
    }
});
```

以上就是年级选课的功能实现。在这个功能中，选课关系的逻辑比较复杂。因此首先要弄清楚专业、年级、班级、教学方案及课程之间的关系，抓住主要问题处理它们之间的逻辑，为后续的成绩录入打好基础。

在本节课的选课和解除选课的左右箭头按钮的代码中，将多条数据的插入和删除语句都放到了循环语句中，其实这种做法存在很大的问题，有可能引起数据库插入或删除的数据只有部分操作成功的情况发生，导致数据不一致的情况发生。这种问题在班级选课功能中影响还比较有限，但在其他的地方使用可能就会造成大的麻烦。在后续的课程中再遇到对数据库进行多条数据的增、删、改操作时，我们将采用改进的方法解决这个隐患。

请读者自行运行程序，测试功能的正确性。

第6章 成绩管理

在成绩管理系统中，最重要和常用的功能就是成绩的录入和成绩的查询。基础数据、学生信息和课程信息的管理功能都是为成绩管理功能提供基础数据服务的。在前面的章节已经完成了这些基础数据管理的实现，下面学习成绩是如何录入和查询的。

成绩管理阶段主要实现成绩录入和成绩查询两个功能模块。首先在主界面中完成成绩管理的菜单设计，成绩管理菜单由1个菜单和2个菜单项构成，布局如图6.1所示。

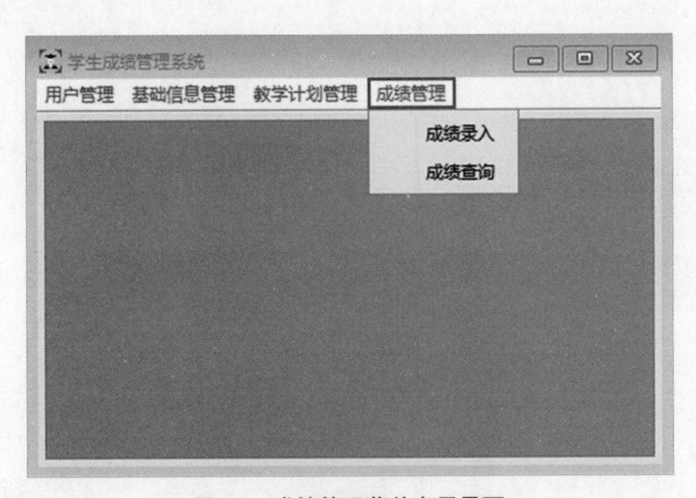

图6.1　成绩管理菜单布局界面

各控件的属性修改情况如表6.1所列。

表6.1　成绩管理菜单各控件属性设置

控件类型	控件名	属性	值
菜单（JMenu）	jMenuScoreManagement	text	成绩管理
菜单项（JMenuItem）	jMenuItemInsertScore	text	成绩录入
	jMenuItemQuery	text	成绩查询

下面详细介绍各功能界面的具体实现过程。

6.1　成绩录入

成绩录入是对成绩进行管理的功能界面。按照大多数成绩管理的习惯，在成绩录入时，一般是以班级、课程为单位来录入学生的课程成绩。下面来学习成绩录入的功能实现。

6.1.1　表与视图的创建

成绩表是用来存放成绩相关信息的，下面介绍成绩表及其功能相关视图的创建。

（1）课程表

① 打开MySQL Workbench并登录本地MySQL数据库。

② 鼠标右键单击table→create table...菜单项开始创建数据表。

③ 在表名文本框中输入当前的表名“score”，在注释文本框内输入当前表的注释信息“成绩”。

④ 成绩表由成绩编号、课程编号、学生编号和成绩四个字段构成，具体结构如表6.2所列。

表6.2　成绩表结构

字段名	数据类型	长度	小数位	主键	非空	自增	备注
score_id	INT			是	是	是	成绩编号
course_id	INT				是		课程编号
student_id	INT				是		学生编号
score	INT						成绩

成绩表的创建结果如图6.2所示。

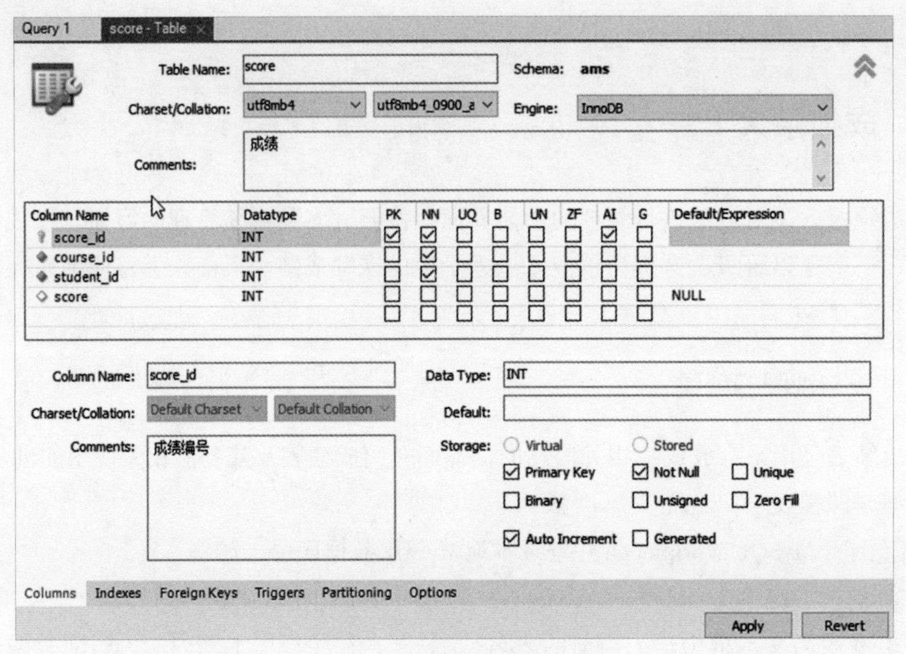

图6.2　成绩表创建明细

⑤ 填写完成后，点击“Apply”按钮，然后根据提示依次点击对应按钮完成课程表的创建。

（2）成绩表的主外键关联

成绩表不是一个实体表，它是一个存储课程与学生之间联系的关系表。通过成绩表的表结构可以看出，它和课程表及学生表都有一个主外键关联。所以在成绩表中，我们创建课程表与成绩表之间的主外键关联，以及学生表与成绩表之间的主外键关联。下面来操作一下主外键关联的创建过程。

在成绩表的设计界面，点击Foreign Keys标签页，创建成绩表与课程表的主外键关联。创建外键名fk_course_score，参考表选择course，参考列选择course_id。另起一行创建外键名fk_student_score，参考表选择student，参考列选择student_id。然后点击“Apply”按钮，弹出创建上述操作所使用的SQL命令。确认后继续点击“Apply”按钮开始创建外键。如图6.3所示。

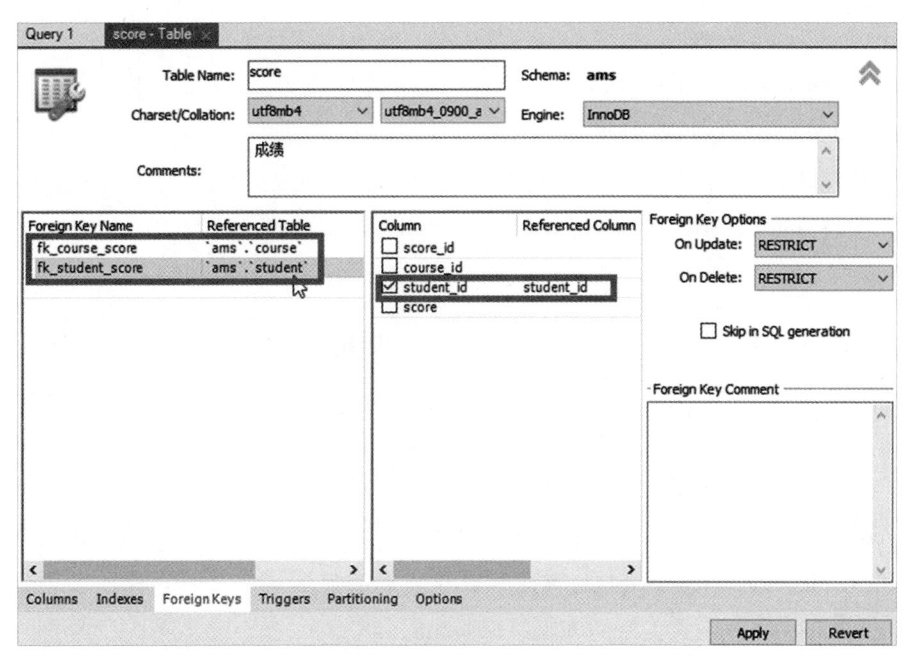

图6.3　成绩表外键创建

（3）成绩视图创建

成绩表是连接课程表与学生表的关系表，是与这两个表分别通过学生编号和课程编号进行关联的主子表。为了方便展示这三个表中的数据，创建了成绩视图将三个表连接起来，视图的创建SQL语句如下。

```
CREATE VIEW `ams`.`view_score` AS
  SELECT
    `ams`.`score`.`course_id` AS `course_id`,
    `ams`.`course`.`plan_id` AS `plan_id`,
    `ams`.`course`.`semester` AS `semester`,
    `ams`.`course`.`course_name` AS `course_name`,
    `ams`.`score`.`student_id` AS `student_id`,
    `ams`.`student`.`class_id` AS `class_id`,
    `ams`.`student`.`student_number` AS `student_number`,
    `ams`.`student`.`student_sex` AS `student_sex`,
    `ams`.`student`.`student_name` AS `student_name`,
    `ams`.`score`.`score_id` AS `score_id`,
    `ams`.`score`.`score` AS `score`
  FROM
```

```
    ((`ams`.`score`
    JOIN `ams`.`student`)
    JOIN `ams`.`course`)
WHERE
    ((`ams`.`score`.`student_id` = `ams`.`student`.`student_id`)
        AND (`ams`.`score`.`course_id` = `ams`.`course`.`course_id`))
```

上述语句完成了成绩管理所涉及的数据表与视图的创建。

6.1.2 界面设计

① 在项目的view包内添加一个“JInternalFrame”类型的窗体。名称为“JInternal-FramescoreManagement”。修改界面的title属性为成绩管理。在属性窗体分别选择关闭(closable)、最小化（iconifiable）属性，设置它们的显示属性为真。修改子框架内容面板，将其布局属性设置为绝对布局（absolute）。

成绩管理界面由5个标签框、5个下拉列表框、1个滚动面板控件（JScrollPane）、1个放置在滚动面板上的表格控件（JTable）及2个按钮控件构成，布局如图6.4所示。

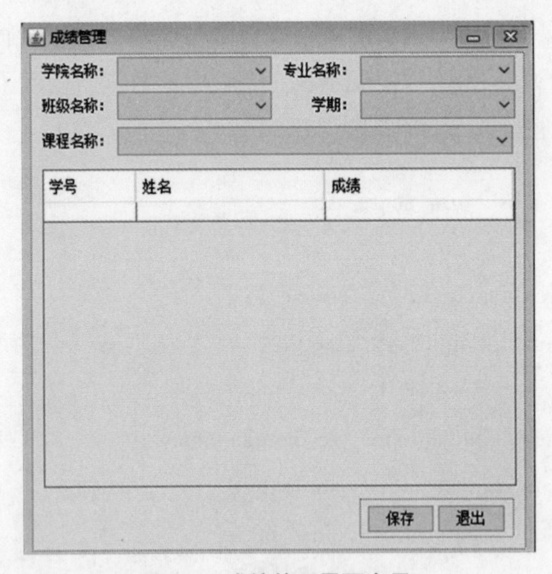

图6.4 成绩管理界面布局

② 其他控件的属性修改情况如表6.3所列。

表6.3 成绩管理界面各控件属性设置

控件类型	控件名	属性	值	备注
标签（JLable）	jLabelCollegeName	text	学院名称：	
	jLabelMajorName	text	专业名称：	
	jLabelClass	text	班级名称：	
	jLabelSemester	text	学期：	
	jLabelClassName	text	课程名称：	
下拉列表（JComboBox）	jComboBoxCollege			学院名称下拉列表
	jComboBoxMajor			专业名称下拉列表
	jComboBoxClass			班级名称下拉列表
	jComboBoxSemester			学期下拉列表
	jComboBoxCourse			课程名称下拉列表
表格（JTable）	jTableScore			成绩表格
按钮（JButton）	jButtonSave	text	保存	
	jButtonExit	text	退出	

成绩表格由5列构成。各列的相关属性如表6.4所列。

表6.4 成绩表格各列属性设置

Title	Pref.width	Min.width	Max.width	editable
成绩编号	0	0	0	
学生编号	0	0	0	未选中
学号	50	20	100	未选中
姓名	100	50	200	未选中
成绩	100	50	200	选中

在表格中，与以往的列属性的设置有一定的差别，成绩列的editable属性设置为选中，代表着在表格中成绩列的数据可以修改，也就是说学生成绩的数据录入是直接在表格中进行的。在表格中输入数据如何获取并存储到数据库中，将在功能代码中详细讲解。

6.1.3 功能代码

框架布局设计完成以后，开始进行编码工作。

（1）成绩管理类（Score类）

在项目源代码包内的model包内新建一个成绩模型，将成绩类的名字命名为“Score”。在类中根据view_score视图的结构，创建八个整型私有字段courseId、planId、semester、studentId、classId、studentNumber、scoreId和score；一个字符型字段studentSex；两个字符串型字段courseName和studentName。为类添加一个对所有的字段赋值构造方法，一个对courseId、studentId字段赋值构造方法和一个对courseId、studentId、scoreId、score字段赋值构造方法。由于所有的字段都是私有的，再添加对字段进行读写操作的get、set方法，代码如下。

```
package model;

public class Score {
    private int courseId, planId, semester, studentId, classId;
    private int studentNumber, scoreId, score;
    private char studentSex;
    private String courseName, studentName;
    public Score (int courseId, int planId, int semester, int studentId, int classId,
int studentNumber, int scoreId, int score, char studentSex, String courseName,
String studentName) {
        super();
        this.courseId = courseId;
        this.planId = planId;
        this.semester = semester;
        this.studentId = studentId;
        this.classId = classId;
        this.studentNumber = studentNumber;
        this.scoreId = scoreId;
        this.score = score;
        this.studentSex = studentSex;
        this.courseName = courseName;
        this.studentName = studentName;
    }
    public Score (int courseId, int studentId, int scoreId, int score) {
        super();
        this.courseId = courseId;
```

```
        this.studentId = studentId;
        this.scoreId = scoreId;
        this.score = score;
    }
    public Score (int courseId, int studentId) {
        super();
        this.courseId = courseId;
        this.studentId = studentId;
    }
    public int getCourseId() {
        return courseId;
    }
    public void setCourseId (int courseId) {
        this.courseId = courseId;
    }
    public int getPlanId() {
        return planId;
    }
    public void setPlanId (int planId) {
        this.planId = planId;
    }
    public int getSemester() {
        return semester;
    }
    public void setSemester (int semester) {
        this.semester = semester;
    }
    public int getStudentId() {
        return studentId;
    }
    public void setStudentId (int studentId) {
        this.studentId = studentId;
    }
    public int getClassId() {
```

```
    return classId;
}
public void setClassId (int classId) {
    this.classId = classId;
}
public int getStudentNumber() {
    return studentNumber;
}
public void setStudentNumber (int studentNumber) {
    this.studentNumber = studentNumber;
}
public int getScoreId() {
    return scoreId;
}
public void setScoreId (int scoreId) {
    this.scoreId = scoreId;
}
public int getScore() {
    return score;
}
public void setScore (int score) {
    this.score = score;
}
public char getStudentSex() {
    return studentSex;
}
public void setStudentSex (char studentSex) {
    this.studentSex = studentSex;
}
public String getCourseName() {
    return courseName;
}
public void setCourseName (String courseName) {
    this.courseName = courseName;
```

```
    }
    public String getStudentName() {
        return studentName;
    }
    public void setStudentName (String studentName) {
        this.studentName = studentName;
    }
}
```

（2）成绩数据访问类（ScoreAccess类）

在dao包下创建一个新类，用于实现对数据库中Score表的访问操作。主要用到插入操作、更新操作和查询操作。而且与以往数据表操作不同的是，学生表的插入和更新操作都需要实现对多条记录的批量操作。接下来看一下各方法的实现过程。

① insert方法。在成绩表的插入操作中，需要一次性插入一个班级所有学生的某门课程的成绩信息。成绩表中目前有成绩编号、课程编号、学生编号和成绩四个字段，在对成绩表进行批量插入操作时，只要初始插入课程编号、学生编号信息，插入的过程中成绩编号会自动生成，而成绩信息需要管理员在前台人工录入。插入方法的参数中需要传递进来一个成绩数组列表对象。方法的实现过程中，只需要根据成绩数组列表里各数组元素的值生成满足多条Insert语句语法的SQL语句。多条Insert语句的样例如下。

```
INSERT INTO score
    (course_id,student_id)
VALUES
    (6,2),
    (6,1)
```

② update方法。和成绩的插入方法一样，在成绩表的修改操作中，需要一次性地修改一个班级所有学生的某门课程的成绩信息。修改的主要内容是根据成绩编号来修改成绩信息，修改方法的参数中需要传递进来一个成绩数组列表对象。方法的实现过程上，只需要根据成绩数组列表里各数组元素的值生成满足多条Update语句语法的SQL语句。多条Update语句的样例如下。

```
UPDATE score SET score = CASE score_id
    WHEN 7 THEN 90
    WHEN 8 THEN 0
```

```
END
WHERE score_idin (7,8)
```

在多条Updata语句中，涉及变化的有两部分：一个是WHEN...THEN的对照关系；另一处在WHERE score_id in后面。

③ 查询的方法和其他表的查询方法基本一致，只是根据实际查询的字段来填充数组列表即可，在此不做赘述。完整代码如下。

```
package dao;

import java.sql.Connection;
import java.sql.ResultSet;
import java.sql.SQLException;
import java.sql.Statement;
import java.util.ArrayList;
import model.Score;

public class ScoreAccess {
    /**
     * 将成绩数组列表中的数据插入到数据库中
     * @param scoreList 待插入的成绩数组列表
     * @return 插入的数据行数
     */
    public static int insert (ArrayList<Score> scoreList) {
        /*
         * INSERT INTO score
         *     (course_id,student_id)
         * VALUES
         *     (6,2),
         *     (6,1)
         */
        // 定义StringBuilder 类型对象sql，将它赋初值为多条Insert语句中前半部分
固定内容的值
        StringBuilder sql = new StringBuilder
("INSERT INTO score (course_id, student_id) VALUES ");
```

```
        // 遍历成绩数组列表，将要插入的课程号和学生号添加在SQL语句后面
        for (Score score: scoreList) {
            sql = sql.append ("(" + score.getCourseId() + ","
                                    + score.getStudentId() + "),");
        }
        // 去掉SQL语句最后部分多余出来的逗号
        sql = sql.deleteCharAt (sql.length() - 1);
        // 调用方法执行SQL语句并返回执行影响的记录数
        return DBUtils.executeUpdate (new String (sql));
    }

    /**
     * 将成绩数组列表中的数据修改到数据库中
     *
     * @param scoreList 待修改的成绩数组列表
     * @return 修改的数据行数
     */
    public static int update (ArrayList<Score> scoreList) {

        /*
         * UPDATE score SET score = CASE score_id
         *     WHEN 7 THEN 90
         *     WHEN 8 THEN 0
         * END
         * WHERE score_idin (7,8)
         */
        // 定义StringBuilder类型对象sql，将它赋初值为样例多条Update语句中前半
部分固定内容的值
            StringBuilder sql = new StringBuilder
("UPDATE score SET score = CASE score_id");
        // 定义StringBuilder类型对象condition，将它赋初值为样例多条Update语句
中后半部分固定内容的值
        StringBuilder condition = new StringBuilder ("END WHEREscore_id in(");
        // 遍历成绩数组列表
```

```
    for (Score score: scoreList) {
        //要修改的成绩号和成绩的对应关系添加在SQL语句后面
        sql = sql.append (" WHEN " + score.getScoreId()
                          + " THEN " + score.getScore());
        //要修改的成绩号添加在condition语句后面
        condition = condition.append (score.getScoreId() + ",");
    }
    //去掉condition语句最后部分多余的逗号后添加一个右括号
    condition = condition.deleteCharAt (condition.length() - 1). append(")");
    //将condition语句添加在SQL语句后面
    sql = sql.append (condition);
    //调用方法执行SQL语句并返回执行影响的记录数
    return DBUtils.executeUpdate (new String(sql));
}

/**
 * 返回数据库中满足条件的成绩信息。
 *
 * @param condition:查询条件。
 * @return 满足条件的成绩数组列表。
 */
public static ArrayList<Score> getScoreByCondition (String condition) {
    //定义字符串变量sql
    String sql;
    //判定传递的查询条件字符串为空
    if (condition == null)
        //返回空
        return null;
    //根据查询条件，生成查询成绩视图的Select语句，给sql字符串赋值
    sql = "SELECT * FROM view_score WHERE " + condition;
    //将变量sql传递到Query方法中，查询出满足条件的成绩数据并返回
    return Query (sql);
}
```

```
private static ArrayList<Score> Query (String sql) {
    //定义声明对象,并获取数据库的连接
    Connection conn = DatabaseConntion.getConnection();
    //定义数据库声明对象和结果集对象
    Statement stmt = null;
    ResultSet rs = null;
    //定义成绩类型的数组列表对象
    ArrayList<Score>scoreList = null;
    try {
        //声明对象初始化
        stmt = conn.createStatement();
        //执行SQL语句,返回结果给结果集对象
        rs = stmt.executeQuery (sql);
        //成绩类型的数组列表初始化
        scoreList = new ArrayList<Score>();
        //遍历结果集
        while (rs.next()) {
            //取出当前记录的成绩信息
            int courseId = rs.getInt ("course_id");
            int planId = rs.getInt ("plan_id");
            int semester = rs.getInt ("semester");
            int studentId = rs.getInt ("student_id");
            int classId = rs.getInt ("class_id");
            int studentNumber = rs.getInt ("student_number");
            int scoreId = rs.getInt ("score_id");
            int score = rs.getInt ("score");
            String courseName = rs.getString ("course_name");
            String studentName = rs.getString ("student_name");
            char studentSex = rs.getString ("student_sex").charAt (0);
            //生成新的成绩对象
            Score stuScore = new Score(courseId, planId, semester, studentId,
classId, studentNumber, scoreId, score, studentSex, courseName, studentName);
            //将成绩对象添加到成绩数组列表中
            scoreList.add (stuScore);
```

```
            }
        } catch (SQLException e) {
            e.printStackTrace();
        } finally {
            //判定结果集和声明对象状态，如果没关闭则关闭
            try {
                if (rs != null)
                    rs.close();
                if (stmt != null)
                    stmt.close();
            } catch (SQLException e) {
                e.printStackTrace();
            }
        }
        //关闭数据库的连接
        DatabaseConntion.closeConnection();
        //返回获取到的成绩管理数组列表
        return scoreList;
    }
}
```

（3）成绩管理界面调用填充下拉列表方法的代码

① 学院名称下拉列表填充数据代码。

在成绩管理类（JInternalFrameScoreManagement）构造函数的最后，添加调用填充学院下拉列表的语句，完成界面初始显示时，对学院下拉列表的填充，代码如下。

```
public JInternalFrameScoreManagement () {
    ...
    FillComboBox.fillComboBoxCollege (jComboBoxCollege);
}
```

② 专业名称下拉列表填充数据代码。

在成绩管理类（JInternalFrameScoreManagement）中，添加学院下拉列表的列表项改变侦听事件，代码如下。

```
jComboBoxCollege.addItemListener (new ItemListener() {
```

```
    public void itemStateChanged (ItemEvent e) {
        if (e.getStateChange() == ItemEvent.DESELECTED) {
            return;
        }
        // 获取当前选择的学院信息
        College college = (College) jComboBoxCollege.getSelectedItem();
        // 如果学院不为空
        if (college!=null)
            // 填充专业下拉列表
            FillComboBox.fillComboBoxMajor (jComboBoxMajor, college);
    }
});
```

③ 班级名称和学期下拉列表填充数据代码。

专业下拉列表中选择专业以后，想要在班级名称下拉列表中将此专业下面的所有班级显示出来，同时将这个专业所有的学期显示出来，则代码如下。

```
jComboBoxMajor.addItemListener (new ItemListener() {
    public void itemStateChanged (ItemEvent e) {
        if (e.getStateChange() == ItemEvent.DESELECTED) {
            return;
        }
        // 获取当前选择的专业
        Major major = ((Major) jComboBoxMajor.getSelectedItem());
        // 如果专业不为空
        if (major != null) {
            // 填充班级下拉列表
            FillComboBox.fillComboBoxClass (jComboBoxClass, major);
            // 填充学期下拉列表
            FillComboBox.fillComboBoxSemester
(jComboBoxSemester, major.getLengthOfSchooling());
        }
    }
});
```

④ 课程下拉列表填充数据代码。

• 在学期下拉列表中选择学期以后，希望在课程名称下拉列表中将这个学期此班级所有的课程添加进去，实现此功能需要先在FillComboBox类中增加一个填充课程下拉列表的方法。课程下拉列表填充方法需要传递四个参数：第一个参数代表课程下拉列表控件；第二个参数代表专业；第三个参数代表年级；第四个参数代表学期。代码实现如下。

```
public static void fillComboBoxCourse（JComboBox<Course> jComboBoxCourse，Major major，int grade,int semester）{
    //将课程下拉列表所有数据清空
    jComboBoxCourse.removeAllItems();
    //设置查询条件（根据专业编号和年级查询）
    String condition="major_id="+major.getMajorId()+" and grade="+grade;
    //根据查询条件获取选课信息
    ArrayList<GradeCourse> gradeCourseList =
GradeCourseAccess.getGradeCourseByCondition（condition）;
    //如果没有选课信息,提示信息后并退出
    if(gradeCourseList.size()==0）{
        JOptionPane.showMessageDialog（null，"这个班级未进行年级选课操作!"，"错误信息"，JOptionPane.ERROR_MESSAGE）;
        return;
    }
    //获取第一条选课信息
    GradeCourse gradeCourse=gradeCourseList.get(0);
    //设置查询条件（根据教学计划编号和学期查询）
    condition="plan_id="+gradeCourse.getPlanId()+" and semester=" + semester;
    //从数据库中取出所有教学计划信息存放到教学计划数组列表中
    ArrayList<Course> courseList = CourseAccess.getCourseByCondition（condition）;
    //遍历课程数组列表，将课程信息添加到课程下拉列表中
    for（Course course:courseList）{
        jComboBoxCourse.addItem（course）;
    }
}
```

代码编写完成后可能出现错误提示，错误的原因是参照的类信息没有导入，请根

据提示导入相关的类即可。

• 在成绩管理类（JInternalFrameScoreManagement）中，学期下拉列表中选择学期以后，希望在课程名称下拉列表中将这个学期此班级的所有课程显示出来，代码如下。

```
jComboBoxSemester.addItemListener (new ItemListener() {
    public void itemStateChanged (ItemEvent e) {
        if (e.getStateChange() == ItemEvent.DESELECTED) {
            return;
        }
        // 获取选择的专业信息
        Major major = (Major) jComboBoxMajor.getSelectedItem();
        // 获取选择的班级信息
        ClassInfoclassInfo = (ClassInfo) jComboBoxClass.getSelectedItem();
        // 年级字段和学期字段数值设为-1
        int grade = -1, semester = -1;
        // 如果班级信息不为空,获取年级字段信息
        if (classInfo != null) {
            grade = classInfo.getGrade();
        }
        // 如果当前选择的学期不为空
        if (jComboBoxSemester.getSelectedItem() != null) {
            // 获取整数形式的学期
            semester = jComboBoxSemester.getSelectedItem().toString().charAt(1) - 48;
        }
        // 根据获取的信息调用填充课程表函数填充课程表
        FillComboBox.fillComboBoxCourse (jComboBoxCourse, major, grade, semester);
    }
});
```

（4）表格数据填充代码

班级下拉列表和课程下拉列表选择数据后是要相互配合着填充成绩表格，在完成这两个下拉列表的事件前，先完成成绩表格的填充函数，填充成绩表方法的设计思路如下。

① 首先查询有没有当前班级当前课程的成绩信息；

② 如果有，直接将获取成绩存放到成绩数组列表中；

③ 如果没有，要根据当前的课程信息和当前班级中的学生信息，将成绩的基础数据插入成绩表中，然后将获取成绩存放到成绩数组列表中；

④ 最后遍历成绩数组列表，将成绩信息填充到表格中。

实现这个功能要在成绩管理类（JInternalFrameScoreManagement）代码界面创建一个私有的、无返回值的方法fillTable。方法需要传递三个参数：第一个参数代表班级信息；第二个参数代表课程信息；第三个参数代表需要填充的表格控件，代码如下。

```
private void fillTable (ClassInfo classInfo, Course course, JTable jTableScore) {
    // 定义DefaultTableModel类对象并赋值为jTableScore的模型
    DefaultTableModel defaultTableModel = (DefaultTableModel)
jTableScore.getModel();
    // 设置表格当前行数为0
    defaultTableModel.setRowCount(0);
    // 如果当前的班级或者课程为空则退出
    if (classInfo == null || course == null)
        return;
    // 设置查询成绩数据表的查询条件
    String condition = "course_id=" + course.getCourseId()
                        + " and class_id=" + classInfo.getClassId();
    // 从成绩表中查询成绩信息
    ArrayList<Score> scoreList = ScoreAccess.getScoreByCondition (condition);
    // 如果没有成绩信息
    if (scoreList.size() == 0) {
        // 根据班级获取学生信息
        ArrayList<Student> studentList = StudentAccess.getStudent (classInfo);
        // 如果没有学生信息,提示消息后退出
        if (studentList.size() == 0) {
            JOptionPane.showMessageDialog (null, "当前班级没有添加学生！", "提示
信息", JOptionPane.INFORMATION_MESSAGE);
            return;
        }
        // 定义新的成绩数组列表
        ArrayList<Score> newScoreList = new ArrayList<Score>();
```

```
        //遍历学生数组列表
        for (Student student: studentList) {
            //生成新的成绩对象
            Score score = new Score (course.getCourseId(), student.getStudentId());
            //将成绩对象添加到成绩数组列表中
            newScoreList.add (score);
        }
        //将新生成的成绩数组列表数据插入数据库中
        int r = ScoreAccess.insert (newScoreList);
        if (r > 0) {
            //再次从成绩表中查询成绩信息
            scoreList = ScoreAccess.getScoreByCondition (condition);
        } else {
            JOptionPane.showMessageDialog (null, "数据插入失败，请联系系统管理
员！", "错误信息", JOptionPane.ERROR_MESSAGE);
            return;
        }
    }
    //遍历成绩数组列表
    for (Score score: scoreList) {
        //定义向量对象
        Vector<String> vector = new Vector<String>();
        //将成绩编号添加到向量中
        vector.add (score.getScoreId() + "");
        //将学生编号添加到向量中
        vector.add (score.getStudentId() + "");
        //将学号添加到向量中
        vector.add (score.getStudentNumber() + "");
        //将姓名添加到向量中
        vector.add (score.getStudentName());
        //将成绩添加到向量中
        vector.add (score.getScore() + "");
        //将向量作为一行数据添加到表中
        defaultTableModel.addRow (vector);
```

```
        }
    }
```

在班级和课程的下拉列表itemStateChanged方法中，获取班级和课程信息，并调用填充成绩表格方法来填充成绩表格。班级下拉列表列表项状态改变事件代码如下。

```
jComboBoxClass.addItemListener (new ItemListener() {
    public void itemStateChanged (ItemEvent e) {
        if (e.getStateChange() == ItemEvent.DESELECTED) {
            return;
        }
        // 获取当前选择的班级
        ClassInfo classInfo = (ClassInfo) jComboBoxClass.getSelectedItem();
        // 获取当前选择的课程
        Course course = (Course) jComboBoxCourse.getSelectedItem();
        // 填充成绩表
        fillTable (classInfo, course, jTableScore);
    }
});
```

课程下拉列表中列表项状态改变事件的代码和班级下拉列表中列表项状态改变事件的代码一致，请读者自己添加。

（5）保存按钮代码

保存按钮流程是要遍历成绩表格，读取成绩表格中每一行的数据，将其保存到数据库，具体代码如下。

```
jButtonSave.addActionListener (new ActionListener() {
    public void actionPerformed (ActionEvent e) {
        // 获取表格行数
        int rowCount = jTableScore.getRowCount();
        // 如果行数为零则退出
        if (rowCount<= 0)
            return;
        // 定义成绩数组列表对象并初始化
        ArrayList<Score> scoreList = new ArrayList<Score>();
        // 获取课程信息,并取得课程编号
```

```
        Course course = (Course) jComboBoxCourse.getSelectedItem();
        int courseId = course.getCourseId();
        //遍历表格所有的行
        for (int i = 0; i<rowCount; i++) {
            //收集所有需要的字段信息
            int studentId = Integer.parseInt (jTableScore.getValueAt (i, 1). toString());
            int scoreId = Integer.parseInt (jTableScore.getValueAt (i, 0). toString());
            int score = Integer.parseInt (jTableScore.getValueAt (i, 4). toString());
            //生成新的成绩对象
            Score newScore = new Score (courseId, studentId, scoreId, score);
            //将成绩对象添加到成绩数组列表中
            scoreList.add (newScore);
        }
        //将成绩数组列表作为参数传递到成绩数据表访问的update方法中
        int re = ScoreAccess.update (scoreList);
        //判定更新的结果。并提示对应的信息
        if (re > 0) {
            JOptionPane.showMessageDialog (null, "数据保存成功！", "提示信息",
JOptionPane.INFORMATION_MESSAGE);
        } else {
            JOptionPane.showMessageDialog (null, "数据保存失败，请联系系统管理
员！", "错误信息", JOptionPane.ERROR_MESSAGE);
        }
    }
});
```

(6) 退出按钮代码

退出按钮代码比较简单，关闭当前框架即可，代码如下。

```
jButtonExit.addActionListener (new ActionListener() {
    public void actionPerformed (ActionEvent e) {
        dispose();
    }
});
```

（7）主界面调用成绩管理界面

在主界面中，为成绩管理菜单项添加活动侦听事件，用于调用成绩管理功能界面，代码如下。

```
jMenuItemInsertScore.addActionListener(new ActionListener() {
    public void actionPerformed(ActionEvent e) {
        JInternalFrameScoreManagement jInternalFrameScoreManagement =
new JInternalFrameScoreManagement();
        jInternalFrameScoreManagement.setVisible(true);
        desktopPane.add(jInternalFrameScoreManagement);
    }
});
```

完成代码的编写后，来测试成绩录入的功能。在成绩表格中，输入学生的课程成绩，点击保存按钮。然后选择同一班级和同一课程，找出刚才录入的成绩，这时会发现最后录入的成绩没有被保存下来。分析原因，是表格中编辑的最后一项在保存时没有结束编辑，所以数据没有被获取保存到数据表中。解决的方法是给表格添加客户端属性，设置表格焦点丢失时终止编辑。在成绩管理类的构造函数中找到为表格设置属性的代码，在表格的所有属性设置完成以后添加如下代码，可以解决以上问题。

```
//设置表格的客户端属性（焦点丢失时终止编辑）
jTableScore.putClientProperty("terminateEditOnFocusLost", true);
```

其他的功能测试，请读者自行完成。

以上就是成绩录入管理的功能实现。在这个功能中，为了方便用户的操作，在成绩录入时，先根据班级信息和课程信息自动生成成绩单。这段代码与之前对数据库表所进行的简单操作略有不同，通过一些算法方便了用户的使用，增加了操作的便利性和友好性。在项目功能实现的其他地方，有哪些功能可以参照这种思路来进行改进？请读者认真思考并动手实践。

6.2 成绩查询

成绩录入以后，主要的作用是为了方便用户以各种条件和组合来查询成绩。成绩的显示方式常用的有两种：在成绩的录入界面，以课程和班级为单位显示成绩；以学生为单位，输出所有学期、所有课程的成绩。这次查询就是以学生为单位，来显示查询的结果。

成绩的查询所涉及的数据已经存储在数据库中，在实现成绩查询时不需要添加额外的数据库表或视图，下面直接开始程序查询功能界面的编写。

6.2.1　界面设计

① 在项目的view包内添加一个“JInternalFrame”类型的窗体，名称为“jInternal-FrameScoreQuery”。修改界面的title属性为成绩查询，在属性窗体分别选择关闭（closable）、最小化（iconifiable）属性，设置它们的显示属性为真。修改子框架内容面板，将其布局属性设置为绝对布局（absolute）。

成绩查询界面由3个标签框、2个下拉列表框、1个文本框、1个列表框、1个滚动面板控件（JScrollPane）和1个放置在滚动面板上的表格控件（JTable）构成，布局如图6.5所示。

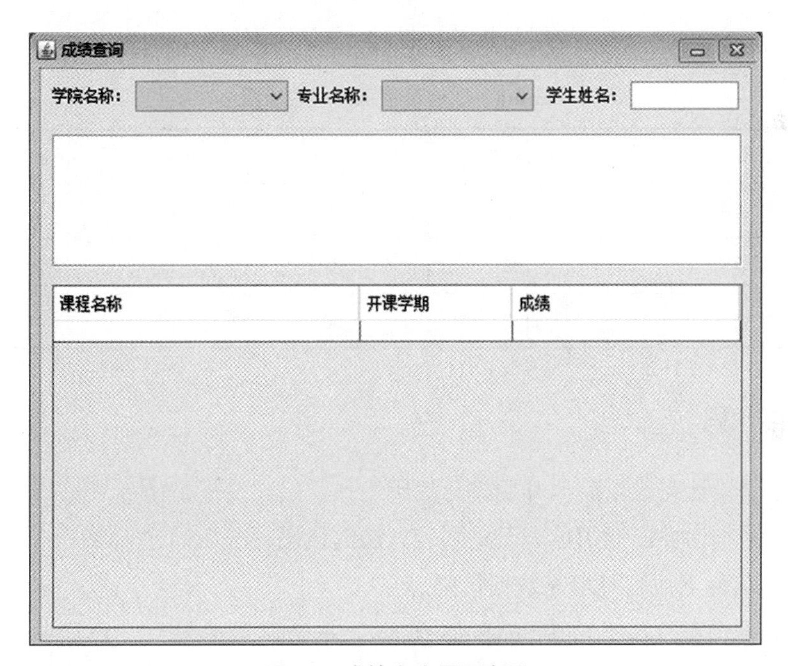

图6.5　成绩查询界面布局

② 其他控件的属性修改情况如表6.5所列。

表6.5　成绩查询界面各控件属性设置

控件类型	控件名	属性	值	备注
标签（JLable）	jLabelCollegeName	text	学院名称:	
	jLabelMajorName	text	专业名称:	
	jLabelName	text	学生姓名:	

表6.5（续）

控件类型	控件名	属性	值	备注
下拉列表（JComboBox）	jComboBoxCollege			学院名称下拉列表
	jComboBoxMajor			专业名称下拉列表
文本框（JTextField）	jTextFieldName	toolTipText	请输入课程名称	学生姓名文本框
		columns	10	
列表（JList）	jListOption	border	EtchedBorder	学生信息列表框
		selectionMode	SINGLE_SELECTION	
表格（JTable）	jTableResult			成绩表格

成绩表格由3列构成，各列的相关属性如表6.6所列。

表6.6　成绩表格各列属性设置

Title	Pref.width	Min.width	Max.width	editable
课程名称	200	100	400	未选中
开课学期	100	50	200	未选中
成绩	150	100	300	未选中

6.2.2　功能代码

框架布局设计完成以后，开始进行编码工作。

（1）成绩查询界面调用填充下拉列表方法的代码

①学院名称下拉列表填充数据代码。

在成绩查询类（jInternalFrameScoreQuery）构造函数的最后，添加调用填充学院下拉列表的语句，完成界面初始显示时，对学院下拉列表的填充，代码如下。

```
public JInternalFrameScoreQuery () {
    ...
    FillComboBox.fillComboBoxCollege (jComboBoxCollege);
}
```

②专业名称下拉列表填充数据代码。

在成绩查询类（JInternalFrameScoreQuery）中，添加学院下拉列表的列表项改变侦听事件，代码如下。

```
jComboBoxCollege.addItemListener (new ItemListener() {
    public void itemStateChanged (ItemEvent e) {
        if (e.getStateChange() == ItemEvent.DESELECTED) {
            return;
        }
        // 获取当前选择的学院信息
        College college = (College) jComboBoxCollege.getSelectedItem();
        // 如果学院不为空
        if (college!=null)
            // 填充专业下拉列表
            FillComboBox.fillComboBoxMajor (jComboBoxMajor, college);
    }
});
```

（2）学生信息列表控件数据填充代码

① 列表填充方法的编写。

学生信息列表控件是显示根据专业和学生姓名查询出来的学生信息，先完成列表控件的填充方法的设计。在代码界面创建一个私有的、无返回值的方法fillList，方法需要传递两个参数：第一个是被填充的列表控件；第二个是专业编号信息。代码如下。

```
private void fillList (JList<Student>jListOption, int majorId) {
    // 定义默认的列表模型对象dlm并调用默认的构造函数将它实例化
    DefaultListModel<Student> dlm = new DefaultListModel<Student>();
    // 定义学生数组列表对象并实例化
    ArrayList<Student>arrayList = new ArrayList<Student>();
    // 设置查询条件（学生姓名Like输入姓名并且专业等于选择专业以班级名称和
学号进行排序）
    String condition = "student_name like '%"
                        +jTextFieldName.getText()
                        + "%' and major_id=" + majorId
                        + " ORDER BY class_name,student_number";
    // 根据查询条件，从学生表中查询信息，并将查询结果赋值给学生数组列表
    arrayList = StudentAccess.getStudentByCondition (condition);
    // 如果未查询到，则显示提示信息后退出
```

```
    if (arrayList.size() == 0) {
        JOptionPane.showMessageDialog (null, "没有查询到满足条件的记录！", "提
示信息", JOptionPane.INFORMATION_MESSAGE);
        jTextFieldName.requestFocus();
        jTextFieldName.selectAll();
    } else {
        // 查询到学生后，便利学生数组列表对象，将学生信息添加到dlm中
        for (Student student: arrayList) {
            dlm.addElement (student);
        }
    }
    // 将dlm对象与学生列表控件关联起来
    jListOption.setModel (dlm);
}
```

② 调用填充列表的方法。

• 在专业下拉列表itemStateChanged方法中调用。

在专业下拉列表itemStateChanged方法中，获取专业和输入的姓名信息，并调用填充列表方法来填充学生信息列表，代码如下。

```
jComboBoxMajor.addItemListener (new ItemListener() {
    public void itemStateChanged (ItemEvent e) {
        if (e.getStateChange() == ItemEvent.SELECTED) {
            // 获取专业信息
            Major major = (Major) jComboBoxMajor.getSelectedItem();
            // 判定选择的专业不为空且或者姓名文本框中输入文本不为空则退出
            if (major != null&& !jTextFieldName.getText().equals(""))
                fillList (jListOption, major.getMajorId());
        }
    }
});
```

• 在学生姓名文本框按键侦听事件中调用。

由于界面上没有布局按钮控件，所以在学生姓名文本控件中输入学生姓名信息后，通过判定文本框输入的字符是否为回车键来确定是否触发代码完成查询工作。

文本框添加键盘输入侦听事件操作如下。在学生姓名文本框单击鼠标右键，在弹出的菜单中选择Add event handle→key→keyPressed，给学生姓名文本框添加键盘输入侦听事件，如图6.6所示。

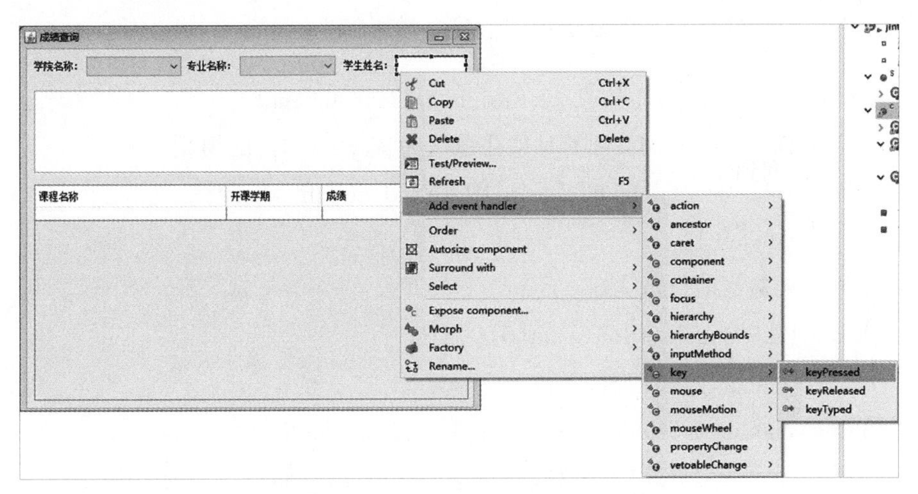

图6.6　文本框添加键盘输入侦听事件

代码流程与专业下拉列表itemStateChanged方法的代码流程基本一致，下面来看一下具体代码。

```
jTextFieldName.addKeyListener (new KeyAdapter() {
    @Override
    public void keyPressed (KeyEvent e) {
        //判定键入的字符是不是回车键
        if (e.getKeyChar() == KeyEvent.VK_ENTER) {
            //获取专业信息
            Major major = (Major) jComboBoxMajor.getSelectedItem();
            //判定选择的专业不为空，并且学生姓名文本框中输入的文本不为空，则填充学生列表框
            if (major != null&& !jTextFieldName.getText().equals (""))
                fillList (jListOption, major.getMajorId());
        }
    }
});
```

(3) 表格数据填充代码

① 表格填充方法的编写。

下面来分析一下表格数据填充的流程。因为是模糊查询，已经根据输入的条件，

查询出所有满足条件的学生信息并在列表中显示出来了。接下来在列表中选择要查询的学生，将其成绩信息在下面的表格中显示出来。先编写一下填充成绩表的方法。在代码界面创建一个私有的、无返回值的方法fillTable。方法需要传递两个参数：一个是要填充的表格控件；另一个是学生的信息。代码如下。

```
private void fillTable (JTablejTableResult, Student student) {
    // 定义DefaultTableModel类对象并赋值为jTableResult的模型
    DefaultTableModel defaultTableModel = (DefaultTableModel)
jTableResult.getModel();
    // 设置表格当前行数为0
    defaultTableModel.setRowCount(0);
    // 根据学生编号设置查询条件
    String condition = "student_id=" + student.getStudentId();
    // 调用函数从数据库中获取成绩信息,并将数据存储在数组列表中
    ArrayList<Score> scoreList = ScoreAccess.getScoreByCondition (condition);
    // 遍历成绩数组列表
    for (Score score: scoreList) {
        // 定义向量对象
        Vector<String> vector = new Vector<String>();
        // 将课程名称添加到向量中
        vector.add (score.getCourseName() + "");
        // 将开课学期添加到向量中
        String semester = "第" + score.getSemester() + "学期";
        vector.add (semester);
        // 将成绩添加到向量中
        vector.add (score.getScore() + "");
        // 将向量作为一行数据添加到表中
        defaultTableModel.addRow(vector);
    }
}
```

② 表格填充方法的调用。

在学生信息列表中点击学生信息后，将这个学生的所有成绩信息显示出来，用到的事件是列表的“值改变”事件，操作如下。在列表控件单击鼠标右键，在弹出的菜单中选择Add event handle→listSelection→valueChanged，给列表控件添加侦听事件，

如图6.7所示。

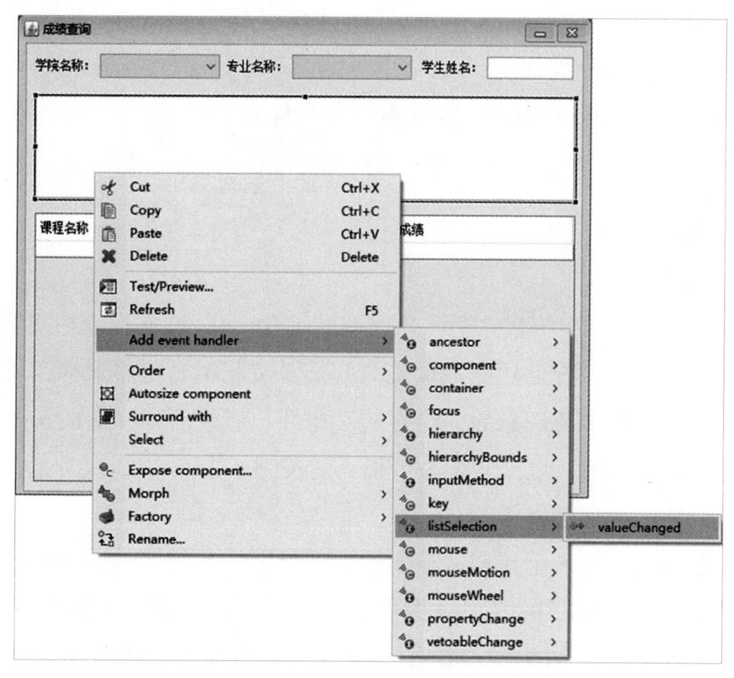

图6.7　列表控件添加“值改变”事件

在事件中完成的功能是根据选择的学生信息来填充成绩表，代码如下。

```
jListOption.addListSelectionListener (new ListSelectionListener() {
    public void valueChanged (ListSelectionEvent e) {
        // 获取选中的学生信息
        Student student = (Student) jListOption.getSelectedValue();
        // 没有选中学生则退出
        if (student == null)
            return;
        // 填充成绩表格
        fillTable (jTableResult, student);
    }
});
```

（4）主界面调用成绩查询界面

在主界面中，为成绩查询菜单项添加活动侦听事件，用于调用成绩查询功能界面，代码如下。

```
jMenuItemQuery.addActionListener (new ActionListener() {
```

```
        public void actionPerformed (ActionEvent e) {
            jInternalFrameScoreQuery jInternalFrameScoreQuery = new
jInternalFrameScoreQuery();
            jInternalFrameScoreQuery.setVisible (true);
            desktopPane.add (jInternalFrameScoreQuery);
        }
    });
```

以上就是成绩查询的功能实现。在查询功能中，不能按照以往对数据库的增、删、改操作模式来进行，查询功能最重要的就是要按照用户的需求格式来输出查询内容。因此，在设计过程中要注意界面操作的实用性、有效性和界面的友好性。这些都是和用户体验息息相关的，也是开发一个项目的关键。

功能测试，请读者自行完成。

本项目到现在已经进入了尾声。在本次的项目中，我们完整地展示了一个成绩管理系统的开发过程。在项目的实现过程中，系统地学习了可视化控件在项目中的使用，Java与MySQL的前后台的配合操作，以及为了增加用户体验而完成的一些算法设计。但是由于时间有限，在实现的过程中，只实现了主要功能分支，在项目实现上，实际成绩管理需求中的很多细小分支没有实现。本项目抛砖引玉，大家可以在本项目的基础上进一步扩展，开发出符合实际成绩管理流程的、更完善的应用项目。